ART
DE FAIRE LE PAPIER,

PAR M. DE LALANDE,

NOUVELLE ÉDITION,

Augmentée de tout ce qui a été écrit de mieux sur ces matières en Allemagne, en Angleterre, en Suisse, en Italie, etc. ;

Par J.-E. BERTRAND, Professeur de Belles-Lettres a Neuchatel, Membre de l'Académie des Sciences de Munich, etc.

Extrait de la Description des Arts et Métiers, faite ou approuvée par MM. de l'Académie Royale de Paris ;

ORNÉE DE PLANCHES EN TAILLE-DOUCE.

A PARIS,

CHEZ J. MORONVAL, IMPRIMEUR - LIBRAIRE - ÉDITEUR, rue des Prêtres Saint - Severin, N°. 4 ;

ACQUÉREUR DU FONDS DE LA DESCRIPTION DES ARTS ET MÉTIERS.

M. DCCC. XX.

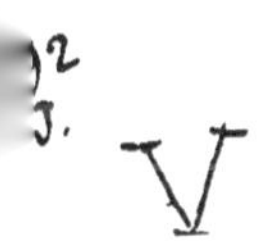

AVERTISSEMENT (1).

1. Sur la fin du dernier siècle, l'Académie ayant formé le projet de l'Histoire générale des Arts, M. des Billettes donna la description de l'Art du Papier : on fit graver huit planches en 1698, et la description fut lue à l'Académie en 1706 (2).

2. Nous avons conservé les planches de ce premier travail, en y faisant les changemens qui ont paru indispensables : ce sont les planches 1, 2, 4, 10, 11, 12, 13, 14 (3) ; mais nous avons abandonné la description qui en avait été faite, parce que, sur toutes les parties de cette fabrication, nous avons voulu entrer dans les plus grands détails.

3. On trouvera dans notre description les pratiques différentes, avec les termes qu'on emploie en différentes provinces ; les vues nouvelles qu'a occasionné à des personnes éclairées et à nous-mêmes l'état actuel des papeteries, les réglemens qu'ont dicté l'expérience des fabricans, et la sagesse du ministère : enfin, l'on y trouvera la nouvelle forme des moulins à cylindre, la plus usitée en Hollande, qui nous a fourni encore, pour ainsi dire, la description d'un nouvel Art.

4. M. Duhamel, de l'Académie royale des Sciences, ayant voyagé en Angoumois par ordre du ministère, pour travailler à l'extirpation des papillons de bled qui désolaient cette province, a parcouru en connaisseur les fabriques de papier, qui y sont en grand nombre : il nous a communiqué ses observations et nous en avons fait un usage fréquent, sur-tout lorsqu'il a été question des pratiques de l'Angoumois.

5. M. Le Cat, secrétaire de l'Académie des Sciences de Rouen, nous a donné sur la Normandie, les éclaircissemens qui ont été nécessaires ; et M. de Clévant, secrétaire de l'Académie de Besançon, sur les moulins de la Franche-Comté. M. de Mélié, qui avait été long-tems l'un des propriétaires de la manufacture de Montargis, et qui en avait fait la description, a bien voulu nous communiquer ses recherches. Enfin nous avons suivi et examiné nous-mêmes cette manufacture, et plusieurs autres, assez long-tems

---

(1) Cet Art est l'un des premiers qui ait été publié par l'Académie. M. de Justi l'a inséré dans le premier volume de la traduction allemande, avec des notes dont j'ai profité, et dont je lui rends ici publique-ment hommage.

(2) Voyez *Hist. de l'Acad.* ann. 1706.

(3) De l'édition de Paris. On se rappellera que j'ai fait à cet égard, dans mon édition, des changemens nécessaires.

1.

et avec assez de soin pour pouvoir décrire exactement et avec toutes ses circonstances l'Art de faire le Papier.

6. Les cylindres hollandais, que nous avons décrits, se trouvaient déjà dans des figures gravées à Amsterdam en 1734, mais avec de simples notes écrites en hollandais, qui ne renferment aucune explication, et il a fallu y deviner la plupart des effets. D'ailleurs, nous ne devons pas dissimuler qu'on a accusé, même en Hollande, les auteurs de ces recueils, d'avoir caché avec dessein des choses importantes dans les Arts qu'ils semblaient vouloir rendre publics; d'avoir même altéré les proportions essentielles de leurs machines, pour en rendre l'imitation infructueuse. Nous avons donc insisté davantage sur les machines exécutées à Montargis, et sur les procédés qu'on y emploie : ils ont été perfectionnés déjà par une expérience de vingt ans, et nous n'y avons point éprouvé cette basse dissimulation, cette jalouse crainte, ce zèle intéressé, qui refusent de faire connaître les Arts, de contribuer à leur perfection, d'y porter le flambeau de la physique et l'esprit de recherche : faiblesses qui ont été la seule cause de la lenteur avec laquelle jusqu'ici les Arts se sont perfectionnés.

7. En effet, presque tous les artistes ont pour maxime de cacher leurs procédés, et de se réserver, tant qu'ils peuvent, le secret de leur Art. Si leur intérêt personnel l'exige, je n'espère rien d'eux ; laissons-les immoler à ce motif invincible pour les âmes communes, la gloire du citoyen, la perfection des Arts et le plaisir d'être utiles. Mais plusieurs croient de bonne foi qu'il est de l'intérêt de l'état de ne point répandre dans le public la connaissance des Arts, pour ne point la partager avec l'étranger. Qu'il nous soit permis de répondre à ceux-ci, en justifiant, pour ainsi dire, l'Académie. Je demande donc lequel est préférable pour un état, ou de partager avec tous les savans les faibles lumières que l'habitude de nos ouvriers nous ont acquises pour les perfectionner ensuite, ou de rester éternellement dans l'état de médiocrité et de routine dont ils ne peuvent nous tirer. Les Arts tiennent tous aux Sciences, attendent tout de celles-ci, et ne peuvent faire sans elles que des pas lents et chancelans. Cependant ceux qui cultivent les Sciences, ne peuvent presque jamais connaître les Arts par eux-mêmes. S'ils l'entreprennent, mille obstacles les en détournent; ils trouvent dans les ateliers un détail rebutant, un langage bizarre, une défiance choquante, une routine aveugle, des vues bornées, des pratiques superstitieuses, une ignorance profonde sur les forces de la nature et sur les principes de l'Art. Celui qu'un goût plus décidé, des circonstances plus favorables, des artistes plus intelligens auront mis à portée d'y pénétrer plus avant que les autres, aura rendu aux Savans, aux Artistes et aux Arts, le service le plus important, s'il parvient à leur faire connaître ce qu'il n'a appris qu'avec peine. Les autres

AVERTISSEMENT.

pourront partir de là, abréger le travail, s'épargner des recherches inutiles ou des expériences déjà faites, faire servir un Art au progrès des Arts qui souvent en diffèrent le plus, enrichir la patrie, et servir l'humanité.

7 *bis*. CE concours de travaux et de succès exige la publicité, la réciprocité, la confiance, l'ouverture avec laquelle on travaille dans les Académies. Si vous tentez de frustrer l'étranger de vos travaux, vous en frustrerez nécessairement aussi vos meilleurs citoyens; et la cupidité nationale, qui vous aura fait envier à vos voisins le secours de vos Arts, vous en dérobera à vous-même la perfection et le progrès; enfin vous vous priverez de bien plus de connaissances que vous n'en aurez dérobé aux étrangers. Laissons donc profiter nos ennemis même des soins que nous aurons pris pour enrichir notre nation, plutôt que d'en perdre les avantages par une mauvaise réticence.

7 *ter*. DANS les tems de barbarie et de ténèbres, où, enveloppés de mystères, les Arts les plus utiles étaient à peine dans leur enfance, il fallait plusieurs siècles pour parvenir à un procédé, à une découverte, qui, plus d'une fois, se perdit en naissant, et ne profita qu'à un seul homme ou à un très-petit nombre. Le papier, dont l'usage est aujourd'hui si général et si commode, était connu depuis mille ans dans l'Asie, et depuis deux siècles en Europe, lorsque l'usage s'en répandit. Il n'y a que trop d'obstacles au progrès des Arts de la part de ceux qui les exercent; les savans ne sauraient assez en aplanir le chemin. Tel fut l'objet que l'Académie des Sciences se proposa dès sa première institution : elle sentit que tous les pas qu'elle ferait dans cette carrière, serviraient sur-tout à la France; que les lumières, l'émulation, les secours qu'on en retirerait parmi nous, seraient plus que suffisans pour nous conserver à cet égard un avantage considérable sur nos voisins; et qu'enfin il y avait tout à gagner dans ce travail, non-seulement pour les hommes en général, à qui nous nous devons sans doute, mais même pour la patrie, à qui nous sommes voués par préférence. L'obscurité des Arts est telle encore dans ce siècle de lumière, que non-seulement le public, mais les savans eux-mêmes ignorent souvent en quoi consiste la difficulté de certains procédés, si c'est dans la matière ou dans la forme que réside le secret de l'Art, si le succès tient à la nature, ou si l'Art peut seul y suppléer. Trois personnes dans le royaume connaissent le beau rouge du coton, découvert par un célèbre chimiste de l'Académie des Sciences; les autres ne se doutent pas même de la difficulté qu'il y a dans cette partie. On sait que les couleurs de la soie sont toutes ou ternes ou passagères; mais ceux qui ont remarqué cet inconvénient, n'en sachant pas la cause physique, n'ont pas été à portée d'en étudier le remède. Le fer-blanc, la dorure, l'émail, le minium, le borax, le camphre, etc. offrent une multitude de choses utiles qui sont encore entre les mains d'un petit nombre de personnes, la plupart chez l'étranger, et que nous

AVERTISSEMENT.

ne pouvons espérer de partager avec eux, à moins de ranimer le goût des Arts en France, et de fixer sur eux les yeux des savans avec ceux des artistes. Aussi le ministère de France, éclairé sur nos véritables intérêts, a de tout tems formé, soutenu et ranimé cette entreprise : on commence à voir le résultat des efforts qu'a faits l'Académie pour arracher le voile qui nous dérobait tant de choses curieuses ; et peut-être touchons-nous par son moyen à une révolution dans les Arts, semblable à celle que le dernier siècle vit s'opérer dans les Sciences.

A R T
DE FAIRE LE PAPIER.

8. La nature nous offre une multitude de substances sur lesquelles on peut écrire, et qui ont tenu lieu de papier dans différens tems et chez différens peuples du monde. Nous les voyons employer successivement des feuilles de palmier, des tablettes de cire, d'ivoire et de plomb, des toiles de lin ou de coton (4), les intestins ou la peau de différens animaux (5), et l'écorce intérieure des plantes (6); mais la perfection de l'Art consistait à trouver une matière très-abondante, et dont la préparation fût très-facile. Tel est assurément le papier que l'on emploie aujourd'hui, et dont nous essayons de décrire la fabrication. Pouvait-on concevoir quelque substance plus commune que les débris de nos vêtemens, des linges usés, incapables d'ailleurs de servir au moindre usage, et dont la quantité se renouvelle tous les jours? Pouvait-on imaginer un travail plus simple que quelques heures de trituration par le moyen des moulins? On est surpris, en observant que ce travail est si prompt, que cinq ouvriers dans un moulin pourraient aisément fournir tout le papier nécessaire au travail continu de trois mille copistes.

(4) Voyez Maffei, *Hist. Diplom.* lib. II. *Bibl. Italique*, tome II. *Leonis Allati antiq. etruscæ.* Hug. *de scripturæ origine. Alexander ab Alexandro*, lib. II, cap. 30. *Bartoli dissertatio de libris legendis*, etc.

(5) La peau de certains poissons a aussi été employée à cet usage. On a écrit ou gravé sur des écailles de tortues. Voyez Mabillon, *de re diplomatica*, lib. I, cap. 8. Fabricii *bibliotheca nat.* cap. 21, etc.

(6) On peut ajouter l'écorce de certains arbres, sur laquelle plusieurs peuples de l'antiquité ont écrit. Il y a même bien des nations modernes qui écrivent de cette façon. M. de Justi possède une lettre en langue malabare : c'est une lettre de voiture écrite par un négociant de ces pays-là. Les Siamois font de l'écorce d'un arbre nommé *pliokkloi*, deux sortes de papier, l'un noir et l'autre blanc. Voyez *l'Encyclopédie*, au mot *papier*. Les nations qui sont au-delà du Gange, font leur papier de l'écorce de plusieurs arbres.

Du papier des Romains.

9. Le papier qui a été le plus long-tems employé chez les Romains et les Grecs, était formé avec l'écorce d'une plante aquatique d'Egypte. Suivant la description que Pline nous donne de cette plante, d'après Théophraste, elle a neuf ou dix coudées de hauteur ; sa tige est triangulaire, de grosseur à pouvoir être renfermée dans la main. Sa racine est tortueuse ; elle se termine par une chevelure ou panache composé de pédicules longs et faibles. Elle a été observée en Egypte par Guilandin, auteur du seizième siècle, qui nous a donné un savant commentaire sur les chapitres de Pline, où il est parlé du papier. Cette plante est aussi décrite dans Prosper Alpin et dans Lobel. Voici les noms qu'elle porte dans les botanistes modernes, que l'on pourrait consulter, si l'on désirait de plus grands éclaircissemens sur cet article :

10. *Papyrus Syriaca et Siciliana.* C. Bauhini, in Pinace, 12.

Cyperus niloticus vel syriacus maximus papyraceus. Morissonii historiæ, *tit.* 3 , 239.

Cyperus enodis nudus, culmis e vaginis brevibus prodeuntibus, spicis tenuioribus. Scheuch. gram. 387.

Cyperus omnium maximus papyrus dictus, (Mont. gram. 14.) *locustis minimis.* Mich. Gen. 44, *tit.* 19.

Cyperus culmo triquetro nudo, umbella simplici foliosa, pedunculis simplicissimis distiche spicatis : Royen, *Horæ Leidensis* 50. Linnæi Specierum, *p.* 47 (7).

11. Les Egyptiens la nomment *berd,* et ils mangent la partie de cette plante qui est proche des racines (8).

12. Il croit aussi dans la Sicile une plante nommée *papero,* qui ressemble beucoup au *papyrus* d'Egypte (9); elle est décrite dans les *Adversaria* de Lobel. Ray et plusieurs autres après lui ont cru que c'était la même espèce ; cependant il ne paraît pas que les anciens aient fait aucun usage de celle de Sicile ; et M. Bernard de Jussieu ne croit pas qu'on doive les confondre, sur-

---

(7) *Papyrus nilotica.* Gerard. 37, eman. 40.

(8) Guilandin a vu, il n'y a pas deux siècles, les habitans des bords du Nil, manger la partie inférieure du papyrus, comme on le pratiquait anciennement ; ce qui prouve que la plante n'est par perdue, quoiqu'on ait cessé d'en faire usage et de s'en occuper.

(9) Quoiqu'il ne s'agisse pas ici de botanique, cependant il convient, ce semble,

de donner une idée de la plante dont on vient de détailler les divers noms. Le *papyrus,* espèce de roseau du Nil, jette une racine tortueuse, de la grosseur du poignet ; sa tige triangulaire s'élève de six à sept coudées au-dessus de l'eau ; elle va toujours en diminuant, et aboutit en pointe au sommet de la plante qui est une espèce de panache dont les feuilles sont obtuses, comme celles du typha de marais.

tout en lisant dans Strabon que le papyrus ne croissait que dans l'Egypte ou dans les Indes (10). On peut voir à ce sujet ce qu'ont écrit Pline , liv. 13, ch. 11; Guilandin, dans un ouvrage imprimé à ce sujet en 1576; le P. de Montfaucon , dans le sixième tome des Mémoires de l'Académie des Inscriptions et Belles-Lettres; les RR. PP. Bénédictins, dans leur traité de diplomatique, et sur-tout M. le comte de Caylus , dans un mémoire très-détaillé et très-savant, qu'il a donné en 1758 à l'Académie des Inscriptions (11). C'est de ce mémoire que nous allons extraire un abrégé de la manière dont le papier se préparait à Rome (12).

13. L'ÉCORCE extérieure de la plante ne servait point à former le papier : les lames intérieures étaient les plus recherchées ; de là vient qu'on distinguait, dans le papier de Rome , plusieurs qualités et plusieurs prix.

14. LE papier de Saïs était composé des rognures de rebut, que l'on portait dans cette ville.

15. LE papier lénéotique, ainsi nommé d'un lieu voisin , se faisait avec les lames qui touchent de plus près l'écorce, et se vendait au poids, n'ayant aucun degré de bonté.

16. APRÈS ces lames qui suivaient immédiatement l'écorce, on trouvait la matière propre du papier , qui s'employait de la manière suivante.

17. ON assemblait sur une table des lames de toute la longeur qu'on pouvait conserver , et on les croisait d'autres lames transversales , qui s'y collaient par le moyen de l'eau et de la presse : ainsi ce papier était tissu de plu-

(10) Le papyrus de Sicile, nommé par Cesalpin *pipero*, pousse des tiges plus longues et plus grosses que le papyrus d'Egypte; elles sont garnies de feuilles courtes qui naissent de la racine : on n'en voit aucune sur la tige; mais elle porte à son sommet un large panache composé d'un grand nombre de pédicules triangulaires en forme de jonc, à l'extrémité desquels sont placés entre trois petites feuilles, des épis de fleurs de couleur rousse. Les racines sont ligneuses; elles jettent des branches semblables à celles du souchet, mais d'une couleur moins brune. De leur surface inférieure sortent plusieurs menues racines; de la supérieure , s'élèvent des tiges qui, tant qu'elles sont tendres, contiennent un suc doux.

(11) M. Poivre a rapporté de Madagascar une troisième espèce de *papyrus*. Les habitans du pays le nomment *sanga-sanga*.

Il porte un panache composé d'une touffe de pédicules très-minces, entre lesquels on n'aperçoit aucune fleur. Les feuilles sont disposées en rayons autour du panache. La tige est haute de dix pieds et plus, sans nœuds et fort lisse, de la grosseur d'un bâton qu'on peut entourer avec la main ; elle va toujours en diminuant. On emploie l'écorce à faire des nattes. Les sauvages en font aussi les voiles et les cordages de leurs bateaux, et des cordes pour leurs filets.

(12) Il est plus vraisemblable que le papier qui se vendait à Rome, était préparé sur les lieux où la plante croît. Pline en décrit amplement la fabrication , liv. XIII, chap. 11 ; et il observe qu'on sépare avec une aiguille la tige du papyrus en lames fort minces, et aussi larges qu'il est possible , dont on compose les feuilles de papier.

sieurs lames; il paraît même que du tems de Claude on fit du papier de trois couches (13).

18. PLINE nous apprend aussi que l'on faisait sécher au soleil les lames ou feuillets de papyrus ; on les distribuait ensuite suivant leurs différentes qualités propres à différentes espèces de papier : on ne pouvait guère séparer dans chaque tige plus de vingt lames.

19. LE papier des Romains n'avait jamais plus de treize doigts de largeur, encore était-ce le plus beau, tel que celui de Fannius. Ce papier, pour être parfait, devait être mince, compact, blanc et uni ; caractères qui sont presque les mêmes que nous exigeons dans notre papier de chiffons. On lissait le papier avec une dent ou une coquille ; cela l'empêchait de boire l'encre, et lui donnait de l'éclat.

20. LE papier des Romains recevait une colle aussi bien que le nôtre, et cette colle se préparait avec de la fleur de farine détrempée dans de l'eau bouillante, sur laquelle on jetait quelques gouttes de vinaigre, ou avec de la mie de pain levé, détrempée dans de l'eau bouillante et passée par l'étamine. Ensuite on battait ce papier avec le marteau ; on y passait une seconde colle, on le remettait en presse, et on l'étendait à coups de marteau. Ce récit de Pline est confirmé par Cassiodore, qui, parlant des feuilles de papyrus employées de son tems, dit qu'elles étaient blanches comme la neige, et composées d'un grand nombre de petites pièces, sans qu'il y parût aucune jointure : ce qui semble supposer nécessairement l'usage de la colle.

21. LA description précédente de la fabrication du papier en Egypte et à Rome, n'est qu'un extrait de ce que Pline en rapporte, livre XIII, chapitre 12 : extrait que j'ai cru ne devoir faire que d'après la traduction et les notes savantes que M. le comte de Caylus a insérées dans son mémoire.

22. AU reste, le *papyrus* d'Egypte était connu même du tems d'Homère ; mais ce ne fut, suivant le témoignage de Varron, que vers le tems des conquêtes d'Alexandre, qu'on commença à le fabriquer avec les perfections que l'art ajoute toujours à la nature.

Origine du papier de coton.

23. ON se servit jusqu'au dixieme siècle environ (14) du papier ainsi fait

(13) Le papier qui n'avait pas trois couches était trop fin, il ne soutenait pas la plume, qui était un roseau taillé exprès. D'ailleurs, sa transparence faisait que les caractères s'effaçaient les uns les autres.

(14) Le savant comte Maffei soutient, avec plus de probabilité, que le papyrus n'était déjà plus d'un usage commun au cinquième siècle. Plusieurs manuscrits qu'on croyait écrits sur du papier d'Egypte sont, suivant cet auteur, sur du papier de coton.

avec l'écorce de la plante que nous venons de décrire ; alors on imagina de le faire avec du coton pilé et réduit en bouillie. Cette méthode, qui devait être depuis plusieurs siècles employée à la Chine, parut enfin dans l'empire d'Orient, sans qu'on sache précisément l'auteur, la date, ni le lieu de cette belle invention.

24. DANS un mémoire du R. P. D. Bernard de Montfaucon, qui se trouve au sixième volume des Mémoires de l'Académie royale des Inscriptions et Belles-Lettres, page 605 et suivantes, il est prouvé que le papier de coton, *kartès bombukinos*, commença à être en usage dans l'empire d'Orient au neuvième siècle ou environ. Voici ses preuves. Il y a plusieurs manuscrits grecs, tant en parchemin ou vélin, qu'en papier de coton, qui portent la date de l'année où ils ont été écrits ; mais la plupart sont sans date. Sur les manuscrits datés on juge plus sûrement, par la comparaison des écritures, de l'âge de ceux qui ne le sont pas. Le plus ancien manuscrit en papier de coton, avec la date, est celui du roi, numéroté 2889, qui fut écrit en 1050 ; un autre de la bibliothèque de l'empereur, qui porte aussi sa date, est de l'année 1095. Mais comme les manuscrits sans date sont incomparablement plus nombreux que ceux qui sont datés, le P. de Montfaucon s'est aussi exercé sur ceux-là ; et par la comparaison des écritures, il en a découvert quelques-uns du dixième siècle, entre autres un de la bibliothèque du roi, coté 2436. Si l'on faisait la même recherche dans toutes les bibliothèques, tant de l'Orient que de l'Occident, on en trouverait apparemment d'autres, ou du même tems, ou peut-être plus anciens. Cela fait juger que ce papier bombycin, ou de coton, peut avoir été inventé au neuvième siècle, ou pour le plus tard au commencement du dixième.

25. A la fin du onzième et au commencement du douzième, l'usage en était répandu dans tout l'empire d'Orient, et même dans la Sicile. Roger, roi de Sicile, dit dans un diplôme écrit en 1145, rapporté par *Rocchus Pyrrhus*, qu'il avait renouvelé sur du parchemin une carte qui avait été écrite sur du papier de coton, *in charta cuttunea*, l'an 1102, et une autre qui était datée de l'an 1112. Environ le même tems, l'impératrice *Irène*, femme d'Alexis Comnène, dit dans sa règle faite pour des religieuses qu'elle avait fondées à Constantinople, qu'elle leur laisse trois exemplaires de la règle, deux en parchemin, et un en papier de coton (*Analec. Gr. p.* 278). Depuis ce tems-là, le papier de coton fut encore plus en usage dans tout l'empire de Constantinople (15).

(15) Les anciens se servaient aussi, pour écrire, de l'écorce intérieure, ou de la pellicule blanche qui est renfermée entre l'écorce et le bois de différens arbres, comme l'érable, le plane, le hêtre, et l'orme, mais sur-tout le tilleul. Cette écorce, nommée

Origine du papier de chiffons.

26. Quant à l'origine du papier dont nous nous servons aujourd'hui, dit le P. de Montfaucon, nous n'en savons rien de bien précis.

27. Thomas Demster, dans ses gloses sur les institutes de Justinien, dit qu'il a été inventé avant l'âge d'Accurse, qui vivait au commencement du treizième siècle : *Bombycæ chartæ paulo ante ætatem Accursii excogitatæ sunt*. Quoiqu'il parle là du papier bombycin, je crois qu'il comprend aussi sous ce nom le papier de chiffons, qui est assez semblable au papier de coton. Il y a eu des pays où l'on se servait de l'un et de l'autre, comme la Sicile, l'état de Venise, et peut-être d'autres. Plusieurs éditions d'Alde Manuce, faites à Venise, sont sur du papier de coton ; le voisinage de la Grèce y en aura sans doute porté l'usage. Demster semble donc parler de l'un et de l'autre (16). Mais nous avons sur le papier de chiffons un passage plus ancien et plus exprès dans Pierre Maurice, dit le Vénérable, contemporain de saint Bernard, qui mourut en 1153. *Les livres que nous lisons tous les jours*, dit-il dans son Traité contre les Juifs, *sont faits de peau de bélier, ou de bouc, ou de veau, ou de plantes orientales*, c'est-à-dire, du *papyrus* de l'Egypte ; ou enfin du chiffon, *ex rasuris veterum pannorum*. Ces derniers mots signifient assurément le papier tel que nous l'employons aujourd'hui. Il y en avait donc déjà des livres au douzième siècle ; et comme on a écrit des actes et des diplômes sur du papier d'Egypte jusqu'au onzième, il y a apparence que c'est environ dans ce même

en latin *liber*, a donné son nom à nos livres. Ils en lavaient l'écorce ; après l'avoir battue et séchée, ils la rendaient propre à l'usage auquel ils voulaient l'employer. Voyez Pline, *hist. natural.* lib. XIII, c. 11. Montfaucon, *palæog. græc.* lib. I, c. 2. Mabillon, *de re diplomat.* lib. I, c. 8. Le comte Maffei soutient une opinion différente.

(16) Je ne sais comment on pourrait entendre ce passage, du papier de chiffon : Demster dit expressément, qu'il parle du papier de coton, et il faut croire qu'il avait une idée de ce qu'il disait. Mais la citation de Pierre le Vénérable prouve incontestablement que déjà dans le douzième siècle l'on fabriquait en Occident du papier de chiffons, quoique peut-être en moindre quantité. On conçoit comment cette invention a pu se faire. C'était dans le tems des Croisades. Le papier de coton était alors généralement en usage chez les Orientaux ; et les Croisés purent en observer la fabrication. De retour chez eux, quelqu'un imagina d'employer, au lieu de coton, les chiffons de toile de lin. On verra que le travail de l'une et de l'autre manufacture a beaucoup de rapport. La Société royale de Gottingue proposa, il y a quelques années pour son prix ordinaire, de déterminer le tems de l'invention du papier ; et le résultat de toutes les recherches montre qu'il faut rapporter ce fait au douzième siècle, quoique ce ne soit que dans le siècle suivant que l'usage du papier s'est introduit partout. M. de Justi rapporte que M. Hering a prouvé que le papier de chiffons était connu et employé dans la Poméranie vers la fin du treizième siècle ; ce qui revient assez à la date du P. Montfaucon.

siècle que le papier de chiffons a été inventé ; et il est à croire que ce papier aura fait tomber le papier d'Egypte en Occident, comme celui de coton l'avait fait tomber en Orient. Pierre le Vénérable nous dit qu'il y avait déjà de son tems des livres faits avec du papier de chiffons : mais il fallait que ces livres fussent extrêmement rares ; car, quelques recherches que j'aie pu faire, tant en Italie qu'en France, je n'ai jamais vu ni livre ni feuille de papier, tel que nous l'employons aujourd'hui, qui ne fût écrit depuis S. Louis ; c'est-à-dire, depuis 1270. Voilà, conclut le P. Montfaucon, tout ce que j'ai pu trouver de plus sûr touchant un sujet si intéressant pour les gens de lettres. Après les recherches d'un si savant antiquaire, on ne doit pas espérer de trouver une date précise à cette découverte, et nous allons passer à l'état actuel de cet Art.

Matière du papier.

28. Le papier dont on fait usage aujourd'hui dans toute l'Europe (*), n'est formé que du vieux linge usé qu'on a mis au rebut, et qui ne peut servir à rien. En Auvergne, on donne le nom de *pattes* à ces matières premières ; ailleurs on les appelle *chiffons, vieux linges, vieux drapeaux, guenillons ;* en quelques endroits du Limousin et du Poitou, leur nom est la *peille.* Les provinces où sont établies les plus grandes manufactures de papier trouvent assez de chiffons dans les provinces voisines, et il en reste encore beaucoup qui se transportent dans l'étranger.

29. Par exemple, les marchands de Lyon font rassembler les *chiffons* dans le Lyonnais, le Dauphiné, la Bresse, et sur-tout en Bourgogne, pour en fournir les manufactures d'Auvergne. Les *pattières, chiffonnières* ou *drapelières,* qui parcourent les villages, ramassent une quantité de pattes ou de chiffons, quelquefois dans les ordures des rues, souvent avec quelques aiguilles qu'elles donnent à des domestiques ou à des pauvres qui ne sauraient que faire de ce chiffon. Une aune de dentelle de deux à trois sols, en paie quelquefois une quantité considérable. On y fait plus d'attention dans les villes ; il ne manque guère de s'y trouver des marchands qui rassemblent avec soin les vieux linges, à qui le peuple les vend, et qui les mettent en magasin, d'où ces pattes sont transportées en Auvergne sur des mulets. Le triage des blanches et des fines se vend jusqu'à huit livres le quintal (17).

(*) Nous parlerons de celui de la Chine à la fin de ce traité.

(17) Depuis que le nombre des imprimeries s'est multiplié dans bien des endroits, la consommation des papiers est devenue plus forte, et les chiffons sont plus difficiles à trouver. Il sera fort utile d'examiner les moyens de suppléer à leur défaut. Outre les papiers naturels, dont je parlerai ailleurs, on vient de faire une découverte intéressante, qui rendra le papier plus commun, et débarrassera la librairie d'une foule

30. Les chiffons de Bourgogne sont les plus estimés chez les fabricans d'Auvergne, parce que, disent-ils, on a soin en Bourgogne de les lessiver avant que de les vendre, et qu'ils pensent que des chiffons bien lessivés font du plus beau papier. Si c'est là leur véritable raison, il ne tiendrait qu'à eux de faire lessiver aussi tous les vieux linges qui leur viennent d'ailleurs. Le bois n'y est pas rare, puisque la plupart de leurs moulins sont au pied des forêts : cependant ces lessives ne sont usitées nulle part ; et bien des personnes croient qu'elles sont totalement inutiles; la meilleure lessive, disent-ils, c'est une forte et longue trituration.

Lessive des chiffons.

31. D'AUTRES, au contraire, qui ont une meilleure idée des effets de la lessive sur le chiffon, voudraient qu'on l'employât d'une manière plus efficace ; c'est-à-dire, qu'on lessivât les chiffons même après qu'ils auraient déjà passé dans le moulin, et qu'ils seraient réduits en une espèce de pâte. Dans cet état, ils seraient en effet plus susceptibles des impressions de la matière saline contenue dans les cendres. On laverait de même cette pâte après la lessive, en la faisant passer encore par le moulin. C'est alors que le soleil, l'eau et la rosée achèveraient de la blanchir parfaitement, et que de la toile, quoique rousse, colorée ou grossière, deviendrait également propre à faire du papier fin. Quoiqu'il en soit du mérite de cette idée, nous n'avons pas connaissance qu'elle ait été mise en pratique.

32. On peut rapporter aux effets de la lessive l'expérience qui a été faite avec de la graisse pour dégraisser les chiffons. Ayant mêlé de la glaise dans les mortiers, on l'a soumise à l'action des pilons, qui, avec le courant d'eau qu'on y ménage toujours, ont donné une pâte parfaitement dégraissée, et qui paraissait fort blanche ; cependant le papier qui en a été formé, avait un œil grisâtre, parce que la matière métallique et colorante qui se trouve ordinairement dans la glaise, s'était unie avec le chiffon d'une manière si intime que le lavage n'avait pu suffire pour l'extirper (18).

de mauvais livres. M. Claproth, professeur à Gottingue, a trouvé le secret de rendre blanc le papier imprimé, de manière qu'il n'y reste pas la moindre trace des impressions précédentes. Il a envoyé à l'Académie royale de Berlin, des échantillons de ce papier réimprimé après avoir été reblanchi. Son secret paraît simple, facile, et peu coûteux. Il consiste à remettre au pilon le papier imprimé, à en séparer la couleur de l'impression par le moyen de l'eau et de la terre à foulon, et à faire de nouveau papier avec la matière redevenue blanche. L'inventeur assure qu'il n'a employé que la valeur de deux sols de cette terre pour reblanchir à la fois plusieurs rames de papier imprimé. Voyez *nouveau Journal Helvétique*, février 1775, page 104.

(18) Peut-être n'a-t-on pas bien choisi la terre-glaise. Il est rare qu'elle soit métallique et colorante. Celle qui aurait ces défauts, ne vaudrait rien du tout pour de pareilles

53. La toile la plus blanche et la plus fine est toujours la meilleure, parce que le fil le plus fin est le plus aisé à blanchir ; on préfère celle de chanvre et de lin, sans rejeter cependant la toile de coton. La toile neuve ne réussit pas si bien ; elle est trop long-tems à s'affiner. Les chiffons de laine ou de soie ne s'emploient que dans le papier gris, encore faut-il les mêler avec beaucoup de gros linge (*).

34. Le vieux papier pourrait aussi servir au même usage ; mais le déchet serait trop considérable : on aime mieux le réserver pour la fabrique du carton, où étant travaillé moins long-tems et avec moins de force, et avec la même eau, il perd aussi beaucoup moins. D'ailleurs, le papier qui a été collé, quoique passé dans l'eau bouillante, donne encore à la pâte une viscosité dont on doit se garantir.

35. Si les chiffons qui arrivent dans les fabriques se trouvent être mouillés, on les fait sécher dans les étendoirs à papier, dont il sera parlé ci-après, avant que de les donner aux délisseuses.

Du délissage, ou du choix des chiffons.

56. Les chiffons étant bien séchés, passent entre les mains de *délisseuses* ou *guillères*. Ce sont des femmes employées à ratisser et à tirer les différentes qualités de chiffons : ce qui s'appelle *guiller* en Auvergne, et en Angoumois *délisser*. Elles sont rangées dans une grande salle destinée à ce travail, et pleine de ces vieux linges, assises deux à deux sur des bancs. Elles ont de deux en deux une grande caisse (19), partagée en trois *cassots*, pour y mettre les trois sortes de chiffons qu'elles doivent distinguer, les *fins*, les *moyens*, et les *grossiers* ou *bulles*. Les fins sont réservés pour le papier de la première qualité, comme les grossiers servent à faire le papier bulle ou *gros venant*, qui est la dernière sorte de papier blanc qui se fabrique dans nos manufatures. Enfin le dernier rebut se nomme le *trasse*.

37. Chacune de ces délisseuses a un carton enveloppé d'une grosse toile, qui est pendu à sa ceinture et appuyé sur ses genoux (20), sur lequel, avec

---

expériences : l'argile qu'il faut employer pour cela, est blanche et alcaline. Il est aisé de distinguer la couleur. Quant à sa vertu alcaline, on la reconnait lorsqu'elle fait effervescence avec une goutte d'eau-forte qu'on verse dessus.

(*) Nous parlerons ci-après de l'usage qu'on pourrait faire de différentes matières pour le papier.

(19) Chaque caisse a environ six pieds de long, sur trois de large et deux et demi de haut.

(20) M. de Justi reproche aux manufactures d'Allemagne de négliger les opérations du délissage. On ne tire point les chiffons, on ne défait point les coutures, on ne ratisse pas les ordures : on se contente d'une espèce de triage superficiel, que les papetiers nomment *das aüschutteln*.

un long couteau bien aiguisé, elle défait les coutures lorsqu'il y en a, et
ratisse toutes les ordures. Tout ce qui peut s'employer après avoir été bien
secoué, se distribue dans les trois cassots, suivant le degré de finesse ; et la
délisseuse jette le reste à ses pieds.

38. Ceux qui veulent mettre encore plus de soin dans le délissage, font
jusqu'à six cases, pour six sortes de chiffons, le superfin, le fin, les coutures de fin, le moyen, les coutures de moyen, et le bulle ; sans compter les
parties extrêmement grosses, qu'on rejette totalement.

39. Ce reste qui ne s'emploie point à la fabrication du papier, se nomme
en Auvergne *boulongeon.* Ce sont de mauvaises coutures, ou du frizon, des
raclures, des pattes rousses très-grossières, des morceaux de vieilles serpil-
lières, de guêtres, de torchons ou de *cordats* (c'est la grosse toile d'embal-
lage), des morceaux de laine ou de soie. Tous ces rebuts forment la dernière
sorte de chiffon, qui ne doit s'employer qu'à faire les *maculatures* et les
papiers gris dont on enveloppe les rames de papier blanc, les pains de sucre,
ou autres choses semblables.

40. Lorsqu'on veut faire du papier gris ou bleu plus mince et plus délié,
tel que celui qui forme l'étresse des cartes à jouer, celui qui enveloppe les
dentelles, etc., on n'y emploie que des toiles grossières, sans aucun mélange
de drap ni de frizon.

41. En Normandie, les chiffons se distinguent seulement en trois sortes,
qu'on appelle le *fin*, le *triage*, le *gros*, et qui servent également aux trois
sortes de papier dont nous avons parlé.

42. Au reste, l'emploi des délisseuses exigeant de l'attention, du discer-
nement et de l'exactitude, on a soin de n'y placer que des personnes d'un
âge mûr ; on ne saurait le confier à des enfans.

43. Il y a des manufactures où l'on n'emploie que deux cassots, d'autres
où l'on va jusqu'à quatre. On trouve en effet des fabricans qui prétendent
que les précautions dans le délissage ne sont pas d'une grande importance ;
d'autres qui sont persuadés que le travail des délisseuses n'est jamais assez
exact ; qu'il faudrait séparer les ourlets et les coutures, avoir égard à la
grosseur de la toile, séparer celle qui est faite d'étoupe de celle qui a été
faite de brin, la toile de chanvre d'avec la toile de lin, avoir enfin attention
au degré d'usure de la toile.

44. En effet, si l'on mêle ensemble du chiffon presque neuf avec du chiffon
très-usé, l'un ne sera pas encore réduit en pâte, que l'autre sera déjà atténué
au point d'être emporté par l'eau, et de passer au travers du crin. De là un
déchet considérable dans l'ouvrage, une perte réelle pour le fabricant, et
même pour la beauté du papier, car les particules déjà emportées par le courant de l'eau sont peut-être celles qui devaient donner au papier le velouté et
la douceur qui lui manquent souvent.

45. Ce n'est pas tout ; les fécules dont la ténuité est inégale , produisent des papiers nébuleux , où l'on voit par intervalles des parties plus ou moins claires , plus ou moins faibles, des flocons qui se sont assemblés sur la forme , parce qu'ils n'étaient pas assez délayés pour s'unir avec des parties plus fluides (21).

46. Il faudrait donc piler à part les différentes qualités de toile, les ourlets et les fils de couture , parce que le fil à coudre n'est jamais autant usé que celui de la toile ; il s'affine plus difficilement , et forme des filamens dans le papier. Quand on aurait pilé à part les chiffons inégalement disposés à trituration, on pourrait alors , sans inconvénient , mêler ensemble ces différentes pâtes , qui se trouveraient homogènes , chacune ayant été affinée pendant le tems qui était nécessaire à l'état du chiffon. Sans cette précaution , l'on perdra toujours les particules les plus fines , et l'on verra toujours les plus grossières altérer la belle qualité du papier.

47. Cette grande précaution dans le délissage coûterait beaucoup ; mais il ne faut pas douter qu'elle ne produisît une différence totale dans la beauté du papier , sans nuire à sa bonté. L'on aurait l'avantage de mêler une pâte qui doit faire la force du papier , avec une autre qui doit en faire la douceur et l'éclat; et l'on réunirait ainsi des qualités qui jusqu'ici existent séparément. Le papier de France est plus blanc , plus fort ; celui de Serdam , plus homogène et plus agréable à la vue.

48. S'il y avait des marchands qui fissent un très-grand commerce de chiffons , ils seraient à portée d'observer ces précautions , et de vendre séparément toutes ces différentes qualités de chiffons. Il en serait de même des gros fabricans qui auraient à cœur la perfection de l'ouvrage. A l'égard des autres , il ne leur est guère possible de faire un si grand choix : ils mettent pour le fin beaucoup de choses qui ne devraient entrer que dans le moyen ; et dans le moyen , ce qui devrait être réservé pour le bulle.

Du pourrissoir.

49. Lorsqu'on a environ trente milliers de drapeaux , qui peuvent former deux mille rames dans les grandeurs moyennes, on entreprend une partie de papier, et l'on porte le chiffon au pourrissoir. L'on n'attend pas si longtems dans les petites manufactures ; on peut commencer avec deux ou trois milliers de chiffons.

5o. Le plancher de la chambre des délisseuses ou des guillères est percé , aussi bien que l'appartement inférieur, jusques dans une espèce de cave à

(21) Il y aurait moins de ces inégalités dans les papiers , si la matière avait été plus soigneusement triturée.

moitié souterraine, où est le pourrissoir. Cette couverture est garnie de planches qui forment comme un large tuyau ou une conduite par où l'on jette chaque sorte de chiffon, pour en faire des tas séparés, suivant les différentes qualités du papier.

51. DANS certains endroits de l'Auvergne, le pourrissoir n'est qu'une grande cuve de pierre de taille, destinée à faire fermenter et, pour ainsi dire, pourrir les chiffons (22). Elle peut avoir seize pieds de long sur dix de large, et trois de profondeur. Elle est cimentée par les côtés, et non par le fond ; et l'eau jetée sur les chiffons que cette cuve contient, peut s'égoutter d'elle-même.

52. L'EAU est amenée sur les chiffons par le moyen d'une autre cuve de bois, de cinq pieds en carré sur trois de profondeur, qui en est tout proche ; celle-ci la reçoit du bachat-long, où elle coule par les reposoirs dont il sera ci-après parlé. Ailleurs, le pourrissoir est une chambre voûtée, dans laquelle on fait des tas de chiffons de six pieds en tout sens, plus ou moins. Nous en parlerons plus bas.

53. QUAND le pourrissoir est plein de ces chiffons, on jette de l'eau par-dessus, jusqu'au haut, pendant dix jours, et huit ou dix fois par jour sans les remuer. On les laisse ensuite reposer pendant dix autres jours plus ou moins, sans y verser de l'eau ; on les retourne, et le centre vient à la surface, pour faciliter la fermentation. Après les avoir retournés, on les laisse encore quinze ou vingt jours en fermentation ; en sorte que le pourrissage peut durer cinq à six semaines. Le terme n'en est point fixe ; mais lorsque la chaleur est devenue assez grande pour que la main ne puisse être que quelques secondes dans l'intérieur, on juge qu'il est tems de l'arrêter.

54. DANS les moulins où l'on a peu de chiffons à employer, on les laisse pourrir plus long-tems, parce que les amas étant plus petits, s'échauffent moins, et plus difficilement : ainsi l'on ne peut rien fixer sur la durée du pourrissage. Il dépend aussi de la qualité du chiffon : le linge le plus fin se pourrit moins promptement que le grossier ; et le linge usé, plus difficilement que le linge neuf, parce que l'humidité interne qui dispose les fibres à la fermentation, est plus considérable dans le linge neuf ou grossier, que dans le linge fin ou usé. Lorsqu'il croît des champignons sur le monceau des chif-

(22) En Allemagne et en Suisse, on se sert d'une grande cuve nommée *faulbutte*, pour y faire pourrir les chiffons. Cette opération se fait d'une manière beaucoup plus simple. On ne laisse les chiffons dans la cuve qu'environ huit à neuf jours, pendant lesquels on les tourne une seule fois. On tient qu'il est inutile de les y laisser plus long-tems, puisqu'au bout de ce tems, on en tire une pâte suffisamment liée et assez égale. D'ailleurs, une trop longue putréfaction doit nuire à la blancheur du papier, comme M. de Lalande le dit lui-même dans la suite.

fons , on estime que c'est la marque d'une *bonne mouillée.*

55. Il y a aussi des pourrissoirs en Auvergne , qui ont dix ou douze pieds en carré , et que l'on conduit d'une manière un peu différente. On place le chiffon d'un côté seulement du pourrissoir ; on le mouille pendant quatre à cinq jours , au moyen d'un réservoir élevé au-dessus , et qui se vide vingt-quatre ou trente fois par jour ; on suspend le mouillage pendant deux ou trois jours ; on recommence à mouiller une seconde fois pendant quelques jours , et de même une troisième fois ; au bout de trois semaines ces chiffons étant assez mouillés , on fait un pareil tas dans l'autre partie du pourrissoir , que l'on mouille de même ; ensuite l'on retourne les premiers chiffons sur ces derniers , et on les laisse fermenter sans les mouiller davantage. Lorsqu'une troisième partie de chiffons mis à la place de ces derniers a été arrosée de même pendant dix-huit ou vingt jours , on transporte de nouveau dans un endroit sec et séparé les premiers chiffons qui avaient été déjà placés sur les seconds ; et c'est là où s'achève le pourrissage.

56. On a dans certaines provinces une autre manière de disposer les chiffons dans le pourrissoir : après les avoir imbibés d'eau , on en fait un tas dans un coin de la salle voûtée qui est destinée à cet usage ; on les arrose de tems en tems ; quand ils sont suffisamment échauffés , on les transporte dans un autre angle de la même salle , en sorte que ce qui était au-dessus du premier tas se trouve dessous dans le second ; on a soin d'y jeter de l'eau de tems en tems. Quand il s'est échauffé de nouveau ; on le transporte au troisième coin du pourrissoir , où l'on attend une nouvelle fermentation pour le porter dans le quatrième angle , observant toujours de mettre sous le tas les drapeaux qui étaient dessus le précédent , et d'arroser souvent ; car il en suinte une eau rousse , dont il est très-bon de délivrer les chiffons. A mesure qu'on vide la mouillée qui était dans le premier coin , on en forme une autre dans ce même coin , qui parcourt à son tour les quatre angles du pourrissoir.

Usage de la chaux.

57. Il y a des fabricans qui , pour accélérer l'opération du pourrissoir , mettent de la chaux avec les chiffons. Peut-être qu'une très-petite quantité de chaux pourrait y être utile ; mais si l'on en met trop , le chiffon attendri et corrodé se réduira trop tôt en pâte , passera par le couloir avec l'eau qui ne devrait en emporter que les ordures , et formera un déchet considérable. C'est peut-être pour cela que les réglemens , qui doivent toujours prévenir les abus de la cupidité et veiller à l'intérêt même du particulier , parce que l'intérêt public en dépend , ont défendu totalement l'usage de la chaux.

58. Avant que de mettre les drapeaux en tas pour la fermentation , on

3.

a coutume , en Angoumois, de les mettre au *mouilloir*, qui est une espèce d'auge de pierre de taille , dont le fond est incliné. On y établit un courant d'eau qui humecte et pénètre les chiffons , emporte une partie de la crasse, et les dispose à la fermentation ; mais on ne les laisse pas pourrir dans ce mouilloir.

59. Le pourrissoir est une des parties fondamentales d'une papeterie. On juge communément en Auvergne , en voyant le pourrissoir, du bon état de la manufacture. La chambre doit être voûtée , pour une plus grande propreté : d'ailleurs, plus elle est à l'abri des variations de la température , moins le fabricant est exposé à se tromper sur le tems où la fermentation doit être suffisante ; et par ce moyen elle n'est ni interrompue ni précipitée.

Effets du pourrissoir.

60. La fermentation ou le pourrissage rend le papier uni , caillé , doux , et lui donne du poids. Si elle est arrêtée trop tôt le papier en devient crud , dur , léger , fort , mais exige plus de tems pour être travaillé ; la fécule voltige et se dépose moins facilement. C'est une matière *sauvage*, suivant le langage des ouvriers.

61. On a cru observer aussi , dans une expérience faite à Montargis sur du beau chiffon qui n'avait point été pourri, que la fécule était comme engagée dans une substance visqueuse , ce qui l'empêchait de se précipiter uniformément sur la verjure (23) : cela prouverait que le pourrissoir aide encore à dégraisser le chiffon. Si d'un autre côté on laissait le chiffon fermenter trop long-tems, il y aurait pour le fabricant un déchet considérable ; il faudrait beaucoup plus de matière pour une même quantité de papier, parce que les parties atténuées par la fermentation, seraient trop promptement emportées par le lavage. Si enfin on laissait la mouillée s'échauffer encore plus long-tems, elle se réduirait comme en poussière , ou s'en irait en fumée et en charbon.

61. Quoique l'action du pourrissoir soit propre à abréger le travail du papier et à faciliter l'opération du moulin , il y aurait plusieurs avantages à s'en passer , s'il était possible de détruire la liaison et le tissu des toiles , et de les dégraisser, sans en avoir auparavant corrompu la substance en les faisant pourrir (24). Si l'on entreprenait de réduire les chiffons en pâte sans employer la fermentation , le papier en serait plus fort, moins cassant et plus

---

(23) Cependant on fabrique du papier au Japon , en mêlant la colle avec la matière du papier ; avant de le faire passer à la forme. Ce fait prouve qu'une substance visqueuse n'empêche pas les matières de se précipiter uniformément sur la verjure.

(24) Cela pourrait se faire en les faisant bouillir dans une lessive de sel alcali ; mais il

blanc. Quelqùes fabricans disent que le pourrissoir donne, du moins à la surface de chaque chiffon, un œil jaunâtre que le moulin ne leur ôte qu'avec peine, et n'ôte pas entièrement si le chiffon est trop pourri.

63. Du moins dans l'état actuel, où l'on emploie généralement le pourrissoir, il serait très-utile d'observer les précautions que nous avons indiquées à l'occasion du délissage (§. 44 et 45). Les chiffons qui sont plus ou moins forts, plus ou moins usés, résistent inégalement au pourrissage; les uns sont déjà gâtés lorsque les autres n'ont pas encore éprouvé la première fermentation; il faudrait donc faire pourrir ensemble des chiffons assortis avec grand soin, si l'on ne veut pas courir risque d'altérer toute la mouillée par le mélange d'une portion de drapeaux trop différente de tout le reste.

De la faux ou du dérompoir.

64. LA *mouillée*, au sortir du pourrissoir, se porte au dérompoir ou à la faux : c'est une lame de fer tranchante, fixée verticalement sur un établi, ou dans une pierre, bordée ou environnée de planches en forme de caisse, de six pieds de long sur quatre de large et deux de profondeur. Le *gouverneur* (c'est dans d'autres endroits un apprenti), assis devant cette faux, prend les drapeaux des deux mains, et les passant derrière la faux, les coupe par morceaux de deux pouces au plus de largeur; après les avoir ainsi coupés, il les met dans des *gerlons*, ou petites cuves, ou tinettes en bois, liées de cerceaux de fer. Ces gerlons ont deux douves plus longues que les autres; opposées diamétralement et percées de deux grands trous qui servent à les porter plus aisément dans le moulin.

65. L'OPÉRATION du dérompoir ou du coupoir est nécessaire pour abréger et faciliter l'opération du moulin : des lambeaux qui auraient une certaine longueur, ne pourraient être dépecés et déchirés qu'avec peine; ils pourraient se loger entre les clous des maillets ou dans les coins des piles, et échapper à l'action des pilons.

66. Pour parvenir à couper les chiffons plus vîte et plus également, on a employé quelquefois des machines, par exemple, une roue dont quatre rayons portaient des couteaux, et qui passaient contre un autre couteau fixé parallèlement à la roue.

67. M. de Genssane a proposé aussi une méthode dont nous parlerons à la suite des cylindres de Hollande, qui lui en ont fourni l'idée. Mais nous

en apparence que cela augmenterait les frais. On fait au Japon du papier avec des écorces d'arbres, que l'on amollit tellement en les faisant cuire dans la lessive, qu'on n'a pas besoin de les faire passer au pilon, pour avoir une pâte très-fine, propre à la fabrication.

devons avertir que la méthode de M. Genssanc n'a point été exécutée, et que les couteaux de la machine précédente ont été fracassés en peu de tems (25).

Du lavoir.

68. Le chiffon étant pourri, et *dérompu* par le moyen de la faux, se porte dans des bacs. Ce sont de grandes auges de pierre ou de bois, dans lesquelles on établit un courant d'eau claire. Le gouverneur, aidé de l'apprenti, remue et agite les chiffons dans ces bacs pour les bien laver. Il serait encore mieux de les dégorger en les mettant dans de grande piles, où ils seraient frappés par de larges pilons de bois, qui ne seraient point armés de fer; ces dégorgeoirs nettoieraient mieux le chiffon, que ne peuvent faire les ouvriers qui le remuent à force de bras. Au reste, l'opération du lavoir n'est pas usitée en Auvergne : ce qui prouve qu'on peut à la rigueur s'en passer, et trouver ce lavage dans l'action même du moulin que nous allons décrire.

Du moulin.

69. Les chiffons déjà préparés par la fermentation, par la faux et le lavage, sont en état d'être broyés, triturés, et réduits en une pâte claire, par le moyen des pilons, ou par le moyen des cylindres, suivant l'usage de chaque pays. En Auvergne on s'est toujours servi des marteaux ou pilons; en Hollande, on se sert plus communément des cylindres. Cette dernière méthode est plus prompte, mais peut-être plus compliquée et plus dispendieuse; ce sont là les seules raisons qui aient pu l'empêcher d'être généralement adoptée. Notre objet est de détailler les deux procédés, chacun séparément, et comme s'il était seul, après avoir parlé de la distribution des eaux dans l'intérieur d'un moulin.

Distribution de l'eau dans les moulins.

70. On peut tirer beaucoup de lumières sur la distribution des eaux de la

(25) Il y a près de trente ans qu'on inventa en Allemagne une machine à couper les chiffons, qui me semble très-commode. C'est une grande caisse inclinée à l'horison, et ayant à sa partie inférieure deux couteaux, dont l'un, qui est immobile, est attaché parallèlement au fond de la caisse, le côté tranchant en haut. Un cylindre de fer, garni de crochets, et mis en mouvement par un rouage à eau, sert à saisir les chiffons et à les ramener entre les couteaux : le second couteau, qui est mobile, et dont la lame est tournée en dehors, passe exactement à côté du premier, et coupe en passant tous les chiffons. Ces couteaux, qui sont de fortes barres de fer, peuvent durer bien des années. La machine se nomme en allemand, *Haderschneider.*

description d'une des plus belles fabriques qu'il y eût en Auvergne au tems où feu M. des Billettes travaillait à la description de cet Art. Elle est placée en un lieu nommé *la Grande-rive*, dans la plaine du Livradoir, arrosé de la Dore, petite rivière qui se jette dans l'Allier environ à huit lieues de Riom. Ses moulins sont situés à la chute d'une très-grande quantité d'eau, qui sort d'entre des montagnes fort serrées, pour aller se perdre dans la Dore. Nous ne changerons rien à cette ancienne description ; mais nous ferons observer les choses où il y aurait de l'avantage à pratiquer d'autres dispositions. D'ailleurs, la situation de chaque moulin demande presque toujours des variétés dans les parties (26).

71. Les eaux sont conduites à la papeterie par un canal fait exprès, de quinze toises de long sur cinq pieds de large, garni de fortes planches, tant par les côtés que par le fond. On y fait entrer plus ou moins d'eau, au moyen d'une vanne ou écluse, qui est à la première entrée du canal.

72. La plus grande partie de l'eau est destinée pour le mouvement de la roue du moulin ; le reste se distribue dans les autres parties de la papeterie, où elle est également nécessaire. La première eau qui s'échappe du canal, environ six à sept pas au-dessus des roues, passe au travers d'un panier d'osier : elle est conduite par une rigole à deux *reposoirs* formés avec des planches de chêne, de deux à trois pouces d'épaisseur, et fortifiés par des pièces de même bois mis debout dans les angles. Le plus grand de ces deux reposoirs a douze pieds de long sur cinq de large, et trois de profondeur ; l'autre reposoir n'a sur la même profondeur que six pieds en carré. Le grand reposoir reçoit l'eau immédiatement du canal, par la rigole qui aboutit à une *canonnière* ou caisse de bois carrée, placée au-dedans du reposoir, dont elle doit excéder de deux pouces la hauteur. Cette canonnière est composée de trois planches, dont deux sont appliquées à l'une des planches du reposoir, et la troisième en forme l'assemblage ; le reposoir lui-même tient lieu de la quatrième. Celle des trois qui est opposée à la rigole, ne descend qu'à six pouces près du fond du reposoir ; une des deux autres touche à ce fond, et la troisième n'en est qu'à deux ou trois pouces. L'usage de cette canonnière est de retenir la force du courant d'eau, et de faire précipiter dans le fond du reposoir le sable fin qu'elle pourrait avoir charrié ; comme le panier sert à arrêter les pierres, les herbes, ou autres immondices plus grossières.

73. Quelquefois on pratique une suite de reposoirs ou de grands *timbres* de pierre, dans lesquels l'eau coule de superficie, et passe de l'un à l'autre pour avoir le tems de déposer peu à peu dans chacun de ces timbres ce qui lui restait d'immondices.

(26) Sur-tout il convient de simplifier les opérations, et de diminuer les dépenses, les machines, et les bâtimens superflus.

74. DANS certaines fabriques on place aussi dans les dernières issues de l'eau, des tas de chiffons de distance en distance, pour retenir mieux le sable fin, dont on ne saurait trop se garantir, et filtrer, pour ainsi dire, comme dans autant de chausses, toute l'eau qui doit servir à la formation du papier.

75. L'EAU qui coule dans le petit reposoir, y arrive aussi par une rigole, et débouche dans une autre canonnière, qui est dans le petit reposoir. Il y a encore à l'extrémité du petit reposoir une grille de fer, de neuf pouces en carré, dont les fils sont très-déliés et très-serrés, tout ainsi que la verjure des *formes* (dont nous parlerons ci-après). C'est au travers de ce tamis de métal que coule toute l'eau du petit reposoir, le long d'une rigole qui la conduit à l'intérieur du moulin pour y arroser les drapeaux, qui ne la reçoivent par conséquent que dans la dernière pureté. Ce qui prouve bien la nécessité de toutes les précautions dont nous avons parlé, c'est qu'au bout d'un certain tems on trouve du limon et de la vase en forme de sédiment au fond de tous les timbres, et de tous les vases que l'eau a parcourus (26).

76. POUR parvenir à cette clarification parfaite, on a fait pratiquer, lors de l'établissement de la manufacture de Montargis, un puisard dans lequel l'eau ne parvient qu'après avoir traversé plusieurs compartimens, dont l'un est rempli de cailloux, l'autre de gros sable bien lavé, le troisième d'un sable plus fin, encore bien lavé. Cette eau ainsi clarifiée y est élevée par des pompes dans un réservoir, d'où elle se distribue par-tout où il est nécessaire. Peut-être ces compartimens de sable sont-ils la cause de ces graviers qu'on a reprochés quelquefois au papier de Montargis. D'ailleurs, une eau élevée par des pompes ou des godets, est toujours trop agitée, trop battue, pour pouvoir assez se clarifier. Il faudrait au moins que l'on eût un réservoir assez grand pour que l'eau y séjournât long-tems, qu'elle pût s'y épurer, y déposer son gravier avant que de couler sur les chiffons. Il n'y a qu'un seul inconvénient dans cette pratique; mais il n'empêche pas qu'elle ne soit la meilleure : on sait que ces sortes de réservoirs se troublent quelquefois en été, lorsque le tems

---

(26) Toutes les papeteries d'Allemagne et de Bohême, toutes celles que je connais en Suisse, négligent ces précautions si importantes de la clarification de l'eau. L'eau, telle qu'elle sort de la source, la même qui fait mouvoir les rouages de la fabrique, sert aussi sous les pilons et dans les cuves. On se contente de mettre à l'entrée des rigoles quelques chiffons de papiers retenus par un grillage, lesquels ne sauraient arrêter les immondices. Il arrive souvent que l'on est obligé de suspendre la fabrication du papier blanc, pour travailler de la matière moins blanche, lorsqu'il survient de grandes pluies qui troublent l'eau. Mais on ne fait aucune difficulté d'employer de l'eau constamment louche à la fabrication du plus beau papier. Je dois cependant convenir ici que les précautions apportées dans le texte, me paraissent poussées trop loin. On peut à moins de frais obtenir le but qu'on se propose : il s'agit de faire en sorte que la qualité de l'eau contribue à la beauté du papier; et l'on y réussit en l'employant bien limpide.

est disposé à l'orage, sans autre cause apparente. Dans ces circonstances l'eau même du bassin n'aurait pas la limpidité nécessaire pour faire du papier.

De la qualité des eaux.

77. Les eaux les plus claires sont les meilleures à cause de la propreté, si recommandée dans la fabrication du papier. Les eaux qui dissolvent le mieux le savon, sont encore les plus propres à ces travaux, dans lesquels il s'agit de dégraisser les chiffons, et de dissoudre parfaitement la colle, qui est aussi une substance graisseuse. Les papetiers disent que les eaux les plus battues, et celles qui viennent de loin, font un papier plus *caillé*, c'est-à-dire, plus ferme et plus fourni de matière. Si cela est, c'est probablement parce que ces eaux ont eu le tems de déposer mieux le limon et les parties hétérogènes qui pouvaient s'y trouver, et que s'étant plus chargées d'air par le mouvement, elles dissolvent mieux les graisses et le savon.

78. On doit éviter les eaux qui sont sujettes à se troubler par les pluies et celles qui coulent sur un terrain fangeux. On doit éviter aussi de placer une papeterie au-dessous des manufactures, des usines, ou des autres machines qui, faisant usage de la même eau, auraient pu lui communiquer une qualité défectueuse. Les eaux des pluies et des étangs dissolvent très-bien le savon; ainsi on peut les employer pour le papier, si elles sont bien épurées.

79. La plus grande partie de l'eau du canal, dont nous avons parlé (§. 70), est destinée pour le mouvement de la roue qui lève les pilons. L'eau passe d'abord à travers un ratelier de bois; le canal est continué par deux auges qui, placées bout à bout, descendent jusqu'à atteindre de fort près la circonférence de la roue. L'auge qui est la première sous le courant de l'eau, ou du côté du ratelier, se nomme ordinairement *première gorge* ou *gorgère*. La seconde qui tombe plus perpendiculairement sur les *aubes* de la roue, se nomme *chanée étrière*. Elle tient à la gorgère par de grands crochets appelés des *encloues* ou *enclouses*; et elle est mobile en bas, comme une bascule, pour laisser échapper l'eau quand on n'en a plus besoin, et la détourner de dessus les aubes de la roue. En conséquence cette chanée ne doit être soutenue que par un crochet, contre un pilier ou montant de bois élevé près du mur. On aurait pu employer tout autre moyen pour faciliter le dégorgement lorsqu'on veut arrêter le moulin.

80. Cette eau, tant par sa chute que par son poids, fait tourner la roue, dont l'arbre même, situé horisontalement dans l'intérieur du moulin, élève les pilons qui doivent réduire le drapeau en une pâte très-fine, pour former du papier.

Manufacture située en plaine.

81. Après avoir exposé la situation d'une papeterie placée aux pieds des montagnes, nous allons en décrire une qui est située dans la plaine, où l'art est obligé de suppléer à ce que faisait là nature seule dans le premier cas. Le meilleur modèle que l'on puisse choisir est la manufacture de *Langlée*, près de Montargis, dont les différentes parties ont été disposées avec tout le soin et toute la magnificence (27) qu'il était possible d'y mettre. Elle est située près du canal de Montargis, où elle prend toutes les eaux qui lui sont nécessaires.

82. Dans le milieu du bâtiment est un canal qui conduit l'eau dans un bassin de réserve, d'où elle se distribue par deux issues placées aux deux extrémités, dans deux coursières pour faire tourner les deux roues des moulins. La disposition des lieux n'a pas permis d'avoir beaucoup de chute, en sorte que les roues ont moins de force qu'il n'en faudrait pour leur première destination. On peut remarquer aussi que l'eau, à son arrivée dans la coursière, et vers les empêlemens, aurait dû être un peu plus au large, afin de baisser moins après avoir passé les empêlemens. Il faudrait enfin que les issues fussent plus dégagées ; le mouvement de l'eau en serait plus prompt, et la force plus grande.

83. Chacune de ces trois roues est mue dans une coursière par le moyen de l'eau qui coule dans l'intérieur de la fabrique, et se décharge de l'autre côté. Indépendamment des cylindres que cette roue met en mouvement, elle porte une manivelle à l'extrémité de son axe ; cette manivelle donne le mouvement aux pompes, par le moyen d'une tringle qui va jusqu'au bâtiment de pompe. L'eau ne s'insinue dans le puisard, qu'après avoir été filtrée au travers de plusieurs lits de cailloux. (§. 76). C'est là que deux pompes foulantes et aspirantes puisent sans cesse de l'eau pour remplir le réservoir, qui est dans la partie la plus élevée de l'atelier des moulins.

84. Ce réservoir n'est soutenu que par une charpente, parce qu'il a été fait après coup ; il aurait pu être placé sur une voute, et occuper une très-grande longueur. Quoi qu'il en soit, dans son état actuel il a trente-trois

---

(27) Je ne saurais m'empêcher de relever ce mot *magnificence*. Dans toute manufacture, les premiers profits, et les plus assurés, sont ceux que l'économie procure. La *magnificence* ne consiste donc que dans la réunion de toutes les facilités utiles à la fabrication, procurées avec la plus grande économie possible. La papeterie de *Langlée*, près de Montargis, ne présente pas cette idée d'économie. Je ne vois donc pas la nécessité d'en donner le plan ; mais j'en conserverai la description, pour ne pas m'écarter de la loi que je me suis faite, de donner en entier l'ouvrage de l'Académie royale des Sciences.

pieds de long, il est doublé de plomb, et l'eau qui y séjourne y dépose la plus grande partie de son gravier; s'il était encore plus étendu, l'eau y séjournerait plus long-tems, et s'y clarifierait encore mieux. Il eût été même plus avantageux de prendre l'eau à une lieue de là, dans une partie du canal de Montargis, plus élevée et plus voisine du point de partage; on aurait évité le travail des pompes, qui agite l'eau et qui la trouble; on l'aurait amenée facilement par des conduites en poterie, qui, à quatre pouces de diamètre ne coûteraient guère que vingt livres la toise.

85. L'eau du réservoir se distribue par de petits tuyaux de conduite qui règnent le long des murs, non-seulement dans les cuves à cylindres, qui en sont assez voisines, mais encore dans les cuves à ouvrer. La partie gauche de l'atelier a un pareil réservoir; mais il est plus petit, comme on le dira ci-après.

86. Le bâtiment est distribué de façon que la matière du papier, dans les différens états par lesquels elle doit passer, suive l'étendue du bâtiment, qui est de plus de cent toises, en commençant par l'aile gauche où les chiffons se préparent, jusques à l'aile droite où le papier étant fini se plie et se met en magasin. Nous n'avons représenté dans le plan des bâtimens, que les parties les plus nécessaires à l'intelligence de l'art qu'il s'agissait de décrire. Dans l'aile gauche, on a placé dans l'entresol la salle du délissage; dans la partie du milieu, le rez-de-chaussée renferme le pourrissoir avec l'atelier des moulins et des cuves; dans l'aile droite, le rez-de-chaussée comprend les salles du pliage; on y voit les tables, dont il sera parlé plus bas, les presses, le marteau qui sert à donner le premier apprêt, et les piliers qui servent à soutenir les planchers.

87. Quant au reste du bâtiment, le rez-de-chaussée de l'aile gauche sert aux ateliers et aux magasins de charpente et de menuiserie. Le premier étage des deux ailes, qui est en forme de mansarde, sert à étendre le papier feuille à feuille après la colle; c'est là le grand étendoir qui règne dans tout le bâtiment, et occupe le premier étage du grand corps-de-logis. Le second étage en mansarde du grand corps de bâtiment, sert à tendre en pages avant que le papier soit collé; c'est là le petit étendoir. L'entresol dans l'aile droite, sert de magasin pour les papiers qui sont absolument finis et pliés en rames. A l'extrémité des deux ailes, le premier étage est destiné aux logemens des propriétaires, des intéressés et des directeurs de la manufacture.

88. Hors de l'enceinte des bâtimens que nous venons de décrire, il y a aussi deux corps de bâtimens pour les logemens d'ouvriers; et dans une des extrémités de l'enceinte, il y a un pavillon destiné seulement pour l'opération de la colle : il y a soixante-quatre pieds sur quinze dans œuvre. Une moitié du rez-de-chaussée suffit à coller le papier, l'autre moitié sert à décoller les

papiers défectueux, qu'on est obligé de refondre ; et la mansarde de ce pavillon est destinée toute entière au magasin des rognures qui servent à la colle.

De la roue et des maillets.

89. La *chanée étrière*, dont nous avons parlé (§. 79), recevant toute l'eau du canal, la dégorge sur une grande roue destinée à mouvoir les maillets. Cette roue peut être de différens bois et de différentes dimensions, suivant les circonstances et les lieux.

90. Celle qui est représentée en AA (*pl. I, fig.* 2), a sept pieds et demi de diamètre : elle est faite en sapin, mais énarbrée par le centre sur une grande pièce de bois de chêne HH, de vingt-huit pieds de long, arrondie, ou taillée à pans, ayant treize à quatorze pouces de diamètre, à la réserve d'une tête T, d'un pied et demi d'équarrissage, dans laquelle sont assemblés à mortaises les bras B de la roue, qui se croisent l'un l'autre au milieu par des entailles. Sur l'extrémité de chaque bras est fixé le milieu d'une jante ou courbe telle que E. d'environ un pied de large sur trois pouces d'épaisseur, qu'on assujétit fortement sur ses bras par des coins F, ou clavettes de bois, qui chassent la courbe vers le centre. Les quatre courbes ensemble font la circonférence interne de la roue, au-dessus de laquelle s'élèvent vingt palettes ou volets D, qu'on nomme *alives*, y compris les quatre qui sont formées en M par les extrémités même des bras. Toutes ces alives ont aussi un pied de large. Il y en a seize qui sont penchées ou inclinées sur le rayon et sur les courbes ; au lieu que les quatre alives M, restent perpendiculaires, à cause de la facilité qu'on a de les trouver toutes faites aux extrémités de chaque bras. Tout cela est revêtu à droite et à gauche de *chanteaux* ou *janti'les*, telles que C,C. Ce sont des planches de sapin, qui suivent la courbure de la roue, et qui, étant attachées par des chevilles aux jantes de la roue, forment comme autant de petites auges ou espèces de *godets*, qui reçoivent l'eau du canal, et mettent la machine en mouvement. Il paraît qu'une roue plus grande que celle-là, qui aurait un plus grand nombre d'aubes, et qui recevrait l'action de l'eau par la partie supérieure, aurait plus d'avantage ; mais ce sont les circonstances locales qui déterminent ordinairement ces détails, et nous nous en sommes tenus à cet égard aux figures qui avaient été gravées autrefois.

91. L'arbre tournant qui traverse la roue, se nomme indifféremment le *grand arbre* ou *l'arbre des chevilles*, parce qu'il porte les *cames* ou *mentonets*. Il est représenté en S dans la *fig.* 1, et en H dans la *fig.* 2. Il est terminé par des *tourillons*, ou pivots cylindriques de fer, qui y sont encastrés profondément, et garnis de bonnes *fretes* ou cercles de fer, qui les fortifient et les entretiennent. Ces pivots de fer portent dans des *grenouilles* de laiton, telles

que I (*fig.* 2), suivant la règle des bons ouvriers, qui est de ne pas faire frotter le cuivre sur du cuivre, mais du cuivre contre du fer. Les *grenouilles* sont portées chacune sur deux dormans, le petit dormant I étant posé sur le gros dormant K, qui lui-même est posé sur un massif O de maçonnerie. Le long de l'arbre S, sont posés de distance en distance soixante-douze mentonets ou cames de bois blancs, qui ont trois ou quatre pouces de saillie, telles que 1 et 2 (*fig.* 1), et PP (*fig.* 2). Ces mentonets sont placés de façon qu'il y en ait toujours dans la circonférence quatre qui répondent à chaque maillet, afin de l'élever quatre fois à chaque tour de la roue, et de le laisser tomber autant de fois dans le *creux de piles*, où la pâte doit être triturée (28).

(28) Afin que la roue qui fait mouvoir l'arbre soit chargée le moins qu'il est possible, il faut que les maillets lèvent les uns après les autres. Pour cet effet, si l'arbre est destiné à un moulin à six piles, chaque pile a trois maillets; si de plus chaque maillet doit battre quatre fois à chaque révolution de la roue, il faudra tracer sur l'arbre dix-huit cercles qui répondent vis-à-vis des maillets, diviser la circonférence de l'un de ces cercles en dix-huit parties égales, tirer par les points de division des lignes parallèles à l'axe. Les intersections de ces lignes et des cercles seront les points où il faut placer les mentonets. Ces points ne doivent pas tous être occupés; il s'agit de les distinguer. Une des lignes parallèles étant prise pour fondamentale, et ayant placé le premier mentonet à son intersection avec le premier cercle, le mentonet du quatrième maillet, premier de la seconde pile, devra être placé à l'intersection de son cercle et de la seconde parallèle; le mentonet du septième maillet, premier de la troisième pile, à l'intersection de son cercle avec la troisième parallèle; le mentonet du dixième maillet à l'intersection de son cercle avec la quatrième parallèle; le mentonet du treizième maillet, à l'intersection de son cercle avec la cinquième parallèle; le mentonet du seizième maillet, à l'intersection de son cercle avec la sixième parallèle; le mentonet du second maillet de la première pile, à l'intersection de son cercle avec la septième parallèle; et ainsi de tous les seconds maillets des six piles, dont les mentonets seront placés à l'intersection de leurs cercles avec les parallèles 8, 9, 10, 11, 12. Le mentonet du troisième maillet de la troisième pile, à l'intersection de son cercle avec la treizième parallèle; et ainsi de tous les troisièmes maillets des six piles, dont les mentonets seront placés à l'intersection de leurs cercles avec les parallèles 14, 15, 16, 17, 18. La table suivante fera mieux comprendre cette distribution. La première rangée de chiffres indique les cercles qui répondent aux maillets; et la seconde, les parallèles à l'axe, à compter depuis celle qu'on aura regardée comme la première.

	1re. pile.			2e. pile.			3e. pile.			4e. pile.			5e. pile.			6e. pile.		
Maillets.	1	2	3	4	5	6	7	8	9	10	11	12	13	14	15	16	17	18
Parallèles et ordre des coups.	1	7	13	2	8	14	3	9	15	4	10	16	5	11	17	6	12	18

Et puisque chaque maillet doit frapper quatre coups dans un tour de roue, il faudra, après avoir marqué le premier mentonet, diviser le cercle en quatre parties,

92. L'ARBRE des piles , qu'on appelle en Auvergne *l'arbre des bachats* (29),
est une grosse pièce de bois de chêne d'environ vingt-trois pieds de long sur
deux pieds d'équarrissage. C'est dans l'épaisseur de cette pièce de bois que sont
taillés six creux de piles, distans par les bords de sept à huit pouces. Ces creux
de piles, qu'on nomme en Auvergne *bachats*, sont évasés par le haut , et ont
une figure ovale de trois pieds sur un pied et demi ; leur profondeur est d'un
pied et demi, et ils vont en diminuant par une espèce de dégradation et de
courbure, telle que le fond n'a plus qu'environ deux pieds sur sept à huit
pouces de large. Dans l'Angoumois , les piles n'ont toutes qu'environ treize
pouces de profondeur , et deux pieds ou deux pieds et demi de largeur.

93. LE fond des *creux de piles* est couvert d'une platine de fer d'un ou deux
pouces d'épaisseur, qui est fixée par quatre gros clous qu'on nomme *agraffes*,
trois pouces et demi de long. Ces platines sont quelquefois de fonte , quelquefois de fer battu : l'Auvergne tire les siennes des martinets (*) de Vienne
ou de Nevers. Cette platine de fer a quelquefois l'inconvénient de se rouiller
quand les piles sont vides , et d'occasionner des taches au papier ; il serait
par conséquent très-utile d'employer une matière plus dure et moins sujette à
la rouille : telle serait une forte semelle de cuivre et d'étain, composition qui
ne se rouille point, et dont on verra que se font les platines. Au défaut de cette
ressource, on a soin de commencer par faire du papier commun dans les piles
qui se sont reposées quelque tems, et dont les *semelles* peuvent être rouillées,
pour les nettoyer ainsi avant d'y travailler du papier fin.

94. LA plupart des moulins sont composés de six piles : trois qui éfilo-
chent, deux qui affinent , et une qui affleure ; mais il y a aussi des moulins
de cinq et de quatre piles (30). La forme varie aussi bien que le nombre ;
j'ai vu des moulins, dont les piles avaient trois pieds deux pouces , sur deux
pieds et un pouce, se réduisant en forme de talus d'un seul côté à un pied
neuf pouces de long , sur neuf pouces de large dans le fond. Cette forme des
auges n'est point indifférente , la pâte devant y circuler et y être sans cesse
retournée pour que la trituration soit régulière : la forme dont je viens de

chacune de quatre-vingt-dix degrés. On
aura le nombre de mentonets demandé,
qui feront lever les maillets dans l'ordre le
plus favorable.

(29) En Allemagne cette pièce s'appelle
Lacherbaum.

(*) Les martinets sont les marteaux des
grandes forges de fer.

(30) Les moulins d'Allemagne et de Bohême n'ont presque jamais moins de six

piles (en allemand, *Stampflœcher*), et
souvent ils en ont davantage. Elles ne servent qu'à éfilocher, ou à faire la *demi-
matière*, comme disent les ouvriers Allemands. Pour affiner, toutes les papeteries ont
des cylindres de Hollande, où passe tout ce
qui a passé au pilon. En Suisse , les cylindres ne sont pas encore introduits par-tout:
peut-être que la publication de cet Art fera
sentir tout l'avantage de cette machine.

parler peut être préférable, en ce qu'elle facilite ce retournement continuel des chiffons. Dans un mémoire envoyé à l'Académie de Besançon, à l'occasion du prix qu'elle a proposé en 1759 sur cette matière, il est parlé d'un moulin où l'on a fait toutes les auges en pierre (31), pour éviter les saletés que le bois fournit en s'altérant et se détruisant par des frottemens continuels. Mais il serait bon de savoir si l'expérience est favorable à cette pratique.

95. LES maillets, marteaux, ou pilons (*planche II, fig. 3*), sont des pièces de bois de sept pieds quatre pouces de long A A. La partie B, qui est proprement le marteau, a environ trois pieds et demi sur six pouces d'équarrissage : elle est emmanchée à onze pouces près de son extrémité supérieure par une mortaise de sept à huit pouces de long, sur environ un et demi de large ; et le manche qui la traverse par cette mortaise, y est serré par-dessus avec un coin de bois X. Il y a trois sortes de maillets qui diffèrent par leur forme comme par leur usage, et qui agissent dans trois ordres de piles appelées en Auvergne, *piles-drapeaux, piles-floran, pile de l'ouvrier ;* et en Angoumois, *piles à éfilocher, à affiner, à affleurer.* Les trois premières piles les plus propres de la roue, qui sont les piles-drapeaux, ont leurs six maillets fortifiés par des liens ou des viroles de fer, et garnis de vingt clous de fer, qui ont cinq pouces de long, et environ un pouce sur six lignes de base, pointus et tranchans, destinés à hacher les drapeaux. Le nombre de ces clous va quelquefois jusqu'à quarante. Les douze maillets suivans, qui agissent dans les piles-floran, ont des clous à tête plate en forme de coins, semblables, si l'on veut, aux larmes ou gouttes de l'ordre dorique. Ceux-ci ne peuvent que piler et broyer ; ils servent à la quatrième et à la cinquième piles destinées à affiner. Les trois maillets de la sixième pile, appelé *pile de l'ouvrier* ou *pile à affleurer,* n'ont aucune garniture de fer ; leur tête est simplement de bois, et ils ne servent qu'à délayer la pâte, lorsqu'on veut l'employer. En Angoumois, les maillets à éfilocher sont garnis d'environ quarante-huit clous, qui pèsent ensemble douze livres ; les maillets à affiner ont un plus grand nombre de clous que les maillets à éfilocher ; néanmoins on finit quelquefois avec les maillets à éfilocher, qui ont été altérés par un long usage. Quand les moulins tournent bien, chaque maillet frappe environ quarante coups par minute.

96. EN 1746, M. du Ponty proposa des pilons dont l'armure était d'une seule pièce de fer cannelée ; l'épreuve en a été faite depuis en 1749, à Étam-

---

(31) Si ces auges en pierre ne sont pas revêtues d'une platine de fer, la pierre, quelque dure qu'on la suppose, sera bientôt attaquée par l'action continuelle des pilons ; il s'en détachera des graviers, si soigneusement écartés par les papetiers qui entendent leur profession.

pes, où, quoique les eaux ne soient pas propres au beau papier, elle réussit très-bien ; et l'on vit que la durée de l'opération en était sensiblement diminuée.

97. L'extrémité *p* (*planche II*), qui passe au-delà de la tête du maillet, est celle que lèvent les chevilles du grand arbre ; elle est garnie d'un lien ou virole de fer *a*, et porte en dessus une petite platine *p*, aussi de fer, longue de huit à neuf pouces, sur deux de large, et deux lignes d'épaisseur, qu'on nomme *éperon* : il est représenté séparément en D. Cet éperon est serré fortement à la tête du manche par la virole *a*, au moyen de deux coins 1 et 2, qui sont chassés l'un à droite, et l'autre à gauche ; il sert à recevoir l'action des chevilles qui font lever le maillet : sans l'éperon, la tête serait bientôt usée. L'autre extrémité, ou la queue du maillet, est aussi garnie d'un lien de fer *a*, bridé par un coin de bois, marqué 3, pour empêcher que cette partie n'éclate en tournant sur l'axe Y. Cette extrémité est encore entaillée pour recevoir les crochets qui doivent tenir les maillets élevés, lorsqu'on ne veut pas qu'ils battent. Cette opération se fait de la manière suivante. Trois crochets, qu'on appelle crochets des *grippes* de devant, marqués chacun d'une étoile dans la *figure* 3, sont destinés à accrocher les queues des marteaux ; une pièce de bois E, nommée l'*engin*, qui sert de levier, porte vers sa tête une virole à jour *e*, qui embrasse le levier, et peut embrasser encore l'extrémité de la queue du marteau, à l'endroit où elle est entaillée. L'ouvrier saisit donc cette entaille A, avec la virole *e*, et appuyant sur l'extrémité du levier, il la ramène jusqu'au point d'y placer le crochet : alors le maillet se trouve élevé hors de la portée des chevilles du grand arbre qui continue de tourner.

98. Chacun de ces maillets tourne en forme de bascule autour d'un axe Y (*fig.* 1 et 3), et pour cet effet il est reçu dans une pièce de bois appelée *grippe de devant* (on suppose que l'arbre de la roue qui est au fond, fait le derrière du moulin). Chacune de ces *grippes de devant*, qui reçoivent les queues des marteaux, est une pièce de bois comme E(*fig.* 1 et 2), et F (*fig.* 3), qui a trois pieds et demi de haut sur deux pieds un pouce de large, et six pouces d'épaisseur. Les grippes sont espacées à un pied dix pouces les unes des autres ; elles ont chacune trois entailles en manière de crenaux, de la largeur nécessaire pour recevoir les queues des maillets, qui y sont contenues comme en une espèce de charnière par le moyen d'une bonne cheville Z, qui est un gros boulon de bois de chêne, doux, et coupé depuis deux ans, qui traverse toute la largeur de la grippe et les queues des trois maillets qui servent à une même pile. Au milieu de la hauteur de chaque grippe de devant, sont suspendus par des anneaux les trois crochets *c*, *r*, *o*, qui servent à élever les maillets comme on l'a vu (S. 95.)

99. Les six grippes de devant sont implantées à tenons et à mortaises dans une pièce de charpente E E (*fig.* 1 et 2), couchée sur terre à trois pieds et demi de l'arbre des piles ; et pour empêcher que ces grippes ne déversent par le haut en s'écartant de l'arbre des piles , elles sont fixées par des chevilles grosses comme le bras, marquées 1 et 2 (*fig.* 3), sur le tenon de la grippe F.

100. Comme les maillets sont fort longs , et qu'ils pourraient se détourner à droite ou à gauche , ou se choquer mutuellement , ils sont contenus près de leur tête par d'autres pièces de bois , appelées *grippes de derrière*, semblables à celles que nous venons de décrire , mais auxquelles il n'y a ni trous , ni crochets , parce que leur usage ne consiste qu'à conserver la direction des maillets pendant leur élévation et leur chute , et les obliger à présenter toujours la tête aux mentonets du grand arbre. Ces grippes de derrière sont marquées *e e* (*fig.* 1 , 2 et 3); elles sont portées et assemblées par une grande pièce de bois , couchée entre le grand arbre et l'arbre des piles , semblable à celle qui porte les grippes de devant.

101. Les trois marteaux qui agissent dans une même pile , sont égaux pour la hauteur ; mais ils diffèrent un peu quant à l'épaisseur : le plus épais , ou *le fort*, a cinq ou six lignes de plus que le faible ; et il est placé du côté où l'auge reçoit l'eau. Il commence à hacher le drapeau , et le renvoie au marteau opposé , qui se nomme *le faible* ; celui-ci le renvoie au marteau du milieu , qu'on appelle simplement *le milieu*. Ce dernier hache la matière aussi bien que les autres ; mais il la comprime aussi pour forcer l'eau à s'égoutter au travers de la toile de crin, dont nous parlerons (§. 111.).

102. Les chevilles du grand arbre qui répondent aux maillets forts, ont quatre pouces ; celles des moyens ont trois pouces et demi ; et celles des faibles, trois pouces seulement : les levées de ces trois maillets sont de trois pouces et demi , trois pouces , et deux pouces et demi ; ce qui augmente encore l'inégalité de leur force. C'est cette inégalité qui fait *pirouetter* ou tourner le chiffon dans les piles , afin qu'il soit mieux battu , soulevé et retourné , au lieu d'être simplement foulé contre le fond des piles. Quelques papetiers croient que c'est là un secret dont ils sont en possession ; mais cela est connu par-tout où l'on fait travailler (32).

103. Le *bachat-long* (33) HH (*fig.* 1 et 2), est une longue pièce de bois creusée en forme de gouttière , suspendue au massif du mur par des crochets *l*, au-dessus du grand arbre. Le *bachat-long* reçoit l'eau du petit reposoir qui est au-dehors du moulin , dont on a parlé (§. 70), et la transmet

---

(32) Dans les papeteries d'Allemagne, on ne connaît pas ce prétendu secret. Les trois pilons ont la même épaisseur, et leur levée est la même. Il faut que cette méthode ne soit pas fort importante, car les papetiers Allemands travaillent fort bien leur matière.

(33) En allemand, *die lange Rinne.*

aux trois *bachassons* par le moyen de trois petites gouttières marquées 2 , 2.

104. Les *bachassons* (34) sont trois petites auges d'un pied et huit pouces de long sur dix de large et six de profondeur, qui sont placées de niveau aux creux de piles ; les planches de ces trois bachassons ont un pouce d'épaisseur, et deux petites avances ou talons pour les appuyer contre les grippes. Chacun de ces bachassons K (*fig.* 2) est placé entre deux piles auxquelles il donne de l'eau par deux *chanelettes* ou tuyaux de bois, placés aux deux extrémités supérieures de chaque bachasson, et marqués 3, 3 qui avancent de deux pouces sur les creux de piles.

105. Sur chaque bachasson, il y a encore un autre petit bachat, nommé *couloir* ou *civière*, formé de quatre planches, dont le fond n'est qu'une étoffe claire de laine ; ce couloir sert à retenir les ordures que l'eau pourrait avoir charriées, et qui entreraient dans le bachasson.

106. Si l'on fait la récapitulation de ce que nous avons dit dans les §§. 70 et 76, on verra que l'eau n'arrive aux creux de piles, qu'après avoir passé par un panier du canal, par une canonnière, un panier du grand reposoir, par une canonnière et une grille très-fine du petit reposoir, souvent au travers de plusieurs tas de chiffons, et enfin par le couloir du bachasson. Toutes ces précautions sont inutiles; on ne peut jamais en employer trop, lorsqu'il s'agit de la propreté de l'eau qui doit arroser les chiffons et entrer dans la formation du papier.

107. Nous avons dit que les bachassons devaient être de niveau avec la surface supérieure de la pièce où sont creusées les piles : par-là ils se dégorgent dès qu'ils sont pleins, et les bachats ont une eau suffisante, sans en recevoir au-delà. Le surplus y serait préjudiciable : ce n'est point par la surface et par les bords que l'eau doit sortir des creux de piles, elle entraînerait la matière du papier ; mais c'est par une issue inférieure, dont nous parlerons §. 111.

108. Toute la charpente de ce moulin, savoir, l'arbre des chevilles et ses dormans, l'arbre des bachats, les grippes et les maillets ; tout cela, dis-je, est posé sur plusieurs pièces de bois de chêne, enterrées au niveau du rez-de-chaussée, et se nomme le *char du moulin*. Le *gouverneur* est chargé de diriger toute cette partie ; c'est là le premier en titre des six ouvriers qui s'emploient dans les bonnes papeteries d'Auvergne. Nous parlerons successivement des cinq autres, qui se nomment *ouvreur, coucheur, leveur, vireur,* et *saleran*. L'une des fonctions du gouverneur est de laver et rincer plusieurs fois tous les matins les piles, les maillets, les couloirs, et tous les ustensiles du moulin. Cela se fait avec une petite cuvette, toujours pleine d'eau très-nette, et qu'on nomme *le rinçoir*. Il faut même rincer quelquefois dans la journée, quand il arrive que quelque partie de l'ouvrage rejaillit sur les maillets, ou sur les bords des piles. Il arrive aussi quelquefois, soit par la

(34) En allemand *Wasserkasten*.

quantité d'eau qui ne s'écoule pas assez, soit parce que le moulin va trop lentement, que les bachats se remplissent trop et que la pâte reflue par-dessus : alors le gouverneur la laisse sur le bord des bachats jusqu'à ce qu'il faille remonter, et ne les rince qu'à mesure qu'il remonte. Quelquefois aussi elle se répand du bord des piles jusques sur le plancher du moulin, sans avoir passé par les trous du fond de ces piles : c'est un inconvénient qu'il faut éviter avec le plus grand soin ; et c'est là le devoir du gouverneur. Pour empêcher aussi la perte des matières qui rejaillissent des mortiers, on place sur l'arbre des piles, et entre les grippes de derrière, des bouts de planches qui y sont attachés, et qui en garnissent les intervalles.

109. LE gouverneur doit prendre garde que le fer et le bois des maillets soient bons, et qu'il ne s'en détache ni esquilles, ni rouille, ni éclats, qui puissent gâter la pâte. On doit aussi écarter les mouches avec soin : c'est faute d'attention dans ce genre qu'on voit si souvent du papier où il se trouve des corps étrangers. Pour une plus grande propreté, l'endroit d'une papeterie où se trouve le moulin, ceux où sont établies la cuve de l'ouvrier et celle de la colle, devraient toujours être voûtés.

110. LE gouverneur doit être attentif à la pluie, même pendant la nuit ; car s'il survient une pluie assez forte pour troubler l'eau, on est forcé de discontinuer le travail : l'ouvrage serait moins pur et moins beau. Alors le gouverneur est obligé d'aller détourner les gorgères du canal qui porte l'eau sur les alives de la roue, aussi bien que celui qui en fournit au *bachat-long*. On serait étonné en voyant ce gouverneur s'éveiller à point nommé dès qu'il pleut un peu fort, dans les montagnes d'Auvergne ; mais tout ainsi qu'il est accoutumé à s'endormir au bruit des maillets, qui est toujours réglé et uniforme, de même il est réveillé aussitôt que la pluie venant à augmenter le torrent et à précipiter le mouvement de la roue, les coups de maillets redoublent de fréquence.

111. IL est nécessaire, pour bien laver les chiffons, d'établir une espèce de courant, dont la nouvelle eau prenne sans cesse la place, dans les creux de piles, de l'eau sale dans laquelle les chiffons viennent d'être broyés : pour cet effet, on lui ménage une issue dans l'intérieur de chaque pile au-devant du bachat, et au travers d'une pièce qui se nomme le *kas*. C'est une plaque de bois de chêne M (*planche II, fig.* 3) d'un pied et demi de haut sur sept pouces de large et deux pouces d'épaisseur. Dans le milieu de cette plaque on voit trois ouvertures, chacune d'un pouce de largeur sur trois pouces de hauteur, distantes l'une de l'autre de deux lignes seulement. Ces ouvertures répondent à un trou qui est au fond de chaque creux de pile, par lequel l'eau peut s'écouler, et elles sont couvertes d'un tamis de crin nommé *toilette*, attaché au kas par de petits clous à tête plate, tels que N, pour que

l'eau ne puisse point entraîner le chiffon qu'elle vient de délayer. Ce kas est placé vers L, entre deux coulisses qui sont dans l'épaisseur de la partie antérieure de l'arbre des piles; et comme dans le contour de l'ovale que forme le bachat il reste des vides dans lesquels pourraient tomber les chiffons que les marteaux font quelquefois rejaillir hors du bachat, on bouche cet endroit avec la couverture du kas représentée en *h*. C'est une pièce de bois un peu longue et plate par-dessus, avec un retour en équerre, qu'on fait entrer dans ce vide. Il y a au haut du kas un petit enfoncement marqué *m*, qui ne pénètre pas toute son épaisseur, et ne sert que pour le soulever de la main quand on veut l'ôter : c'est ce qu'on appelle la *pince du kas*, et c'est précisément jusqu'à la hauteur de cette pince qu'on fait aller celle des coulisses. Souvent, faute d'avoir donné assez d'eau à la pâte, l'ouvrage se trouve trop sec; alors les marteaux qui le poussent contre le kas, rompent la toilette, et la pâte se répand sur le plancher. Ces toilettes du kas demandent beaucoup d'attention, elles crèvent souvent, et ne doivent même servir que douze ou quinze jours, parce que la graisse de l'ouvrage les empâte et empêche la filtration de l'eau.

112. QUAND le gouverneur porte les chiffons aux creux de piles, il emploie des gerlons qui en contiennent environ le poids de vingt-cinq à trente livres, et qui en déterminent ainsi ce que les bachats en doivent contenir; car si les bachats étaient plus remplis l'un que l'autre, les chiffons seraient plus ou moins battus, et le papier en serait inégal. On observe aussi de ne mettre les drapeaux dans les creux de piles qu'à plusieurs reprises différentes, et de quart d'heure en quart d'heure : si on les mettait tout d'un coup, ils pourraient s'engorger et se lier ensemble ; les maillets ne pourraient pas les hacher aussi facilement.

113. LES chiffons sont d'abord broyés dans les *piles-drapeaux* : ce sont les deux premières piles du moulin, qu'on appelle aussi *piles à éfilocher*. Ils y restent jusqu'à ce qu'on n'aperçoive plus aucune forme de toile, et qu'ils soient convertis en filamens; ce qui dure six, huit, dix ou douze heures, suivant la vîtesse de l'eau et la force ou la dureté du drapeau. La pâte n'étant pas encore fort divisée, on ne craint pas qu'elle s'échappe par la toilette, quoique fort claire, et l'on donne beaucoup d'eau pour emporter toute la crasse du chiffon. Quand les chiffons ont été suffisamment broyés dans les piles-drapeaux, le gouverneur les met dans les deux piles suivantes, appelées *piles-floran* ou *piles à affiner*; et c'est ce qu'il nomme *remonter*. Cette opération se fait avec une écuelle de bois d'envion six pouces de diamètre, qu'on appelle pour cela *écuelle remontadoire*. Quelquefois aussi la pâte, au sortir des piles-drapeaux, se porte dans les caisses de dépôt.

114. LES matières sont travaillées dans les piles à affiner pendant douze,

dix-huit, vingt-quatre heures, suivant la force des eaux et celle du chiffon. On donne moins d'eau aux piles à affiner ; la *toilette* y est plus fine, afin de laisser moins échapper de la substance du chiffon. On juge que l'opération est achevée, lorsqu'on n'aperçoit plus ni filamens ni flocons ; pour s'en assurer mieux, on en prend la grosseur d'une petite noix, qu'on pétrit dans les doigts pour en exprimer l'eau : on en forme un petit cylindre ; on le rompt par le milieu avec une secousse prompte, et l'on examine sur les cassures s'il n'y a point de filamens. On éprouve aussi cette pâte, en en délayant un peu dans de l'eau ; on agite cette eau qui devient blanchâtre, et l'on regarde s'il n'y a point de flocons ou de filamens qui surnagent dans cette liqueur ; elle doit être homogène comme du lait. Au lieu de vingt-quatre heures tout au plus, qu'on emploie en Auvergne, il faut vingt-huit ou trente heures en Angoumois pour affiner, parce que les eaux y sont moins fortes, et les pilons plus légers. La pâte étant affinée se verse avec l'écuelle remontadoire dans une bassine de cuivre d'environ deux pieds de diamètre, garnie de deux anses, qui sert à transporter l'ouvrage dans les caisses de dépôt, si l'on ne se propose pas d'en faire usage le même jour. Nous parlerons plus en détail de l'éfilochage, de l'affinage, et de la pâte qui en résulte, lorsque nous aurons parlé des cylindres, qui forment une autre espèce de moulins plus commodes et plus parfaits que ceux dont nous venons de parler.

Des moulins à cylindre.

115. Après avoir décrit la forme des moulins à pilons usités en Auvergne, nous passons à celle des moulins à cylindres (35), qui s'emploient communément en Hollande ; on en trouve déjà des figures gravées dans deux recueils de machines publiés à Amsterdam en 1734 et en 1736. Le premier, de cinquante-quatre planches, a pour titre, *Groot volkomen moolenboek*, etc., composé par Natrus, Polly et Vaurer, gravé par *Jean Punt*, en 2 vol *in-fol.* Le second, de cinquante-cinq planches, intitulé : *Theatrum machinarum universale*, est de *Zyl*, gravé par *Jean Schenk*, en 2 vol. *in-folio.* Mais comme ces planches ne sont accompagnées d'aucun détail sur l'usage des parties qu'elles représentent, il était nécessaire de les mettre ici sous les yeux des lecteurs, pour l'intelligence des procédés que nous avons à décrire. Au reste, comme ces moulins à cylindre sont aussi exécutés depuis l'année 1741 à la manufacture de Langlée, près Montargis, avec quelques différences, nous avons également donné les plans et les élévations des machines qu'on y emploie, avec les procédés que nous y avons vu suivre, déjà confirmés par une expérience de vingt ans, après avoir été perfectionnés par plusieurs tentatives. L'invention des cylindres n'est pas ancienne ; mais

(35) En Allemagne, cette machine a retenu le nom des Hollandais ; on l'appelle *hollandische walze*, ou simplement, *ein hollander.*

nous ignorons le lieu et le tems où elle a été faite : quelques personnes assu‑
rent que l'usage des cylindres a été d'abord imaginé en France, il y a environ
50 ou 60 ans, adopté et retenu ensuite par les Hollandais (36), dans le plus
grand nombre de leurs fabriques. Quoi qu'il en soit, ce n'est que vers l'an‑
née 1740 qu'on a commencé à les établir à Montargis.

116. Une grande roue à aubes, semblable à celle des moulins ordinaires,
est mue par un courant d'eau, dans une coursière revêtue de charpente, et qui
ne laisse que deux pouces de jeu à chaque côté de la roue. Cette roue a envi‑
ron dix-huit pieds de diamètre ; sa circonférence porte vingt-quatre aubes
inclinées vers le courant de l'eau ; cette grande roue est entre deux équipages
de cylindres, et chaque roue porte à l'extrémité de son arbre un rouet de
quarante-un alouchons, qui fait tourner une lanterne de trente-quatre fuseaux,
dont le diamètre est d'environ six pieds, et dont l'axe est vertical ; cette
lanterne porte sur son axe un rouet dont le diamètre est de onze pieds, qui a
soixante-sept alouchons, et qui fait tourner trois cylindres, chacun par le
moyen d'une lanterne à sept fuseaux, qui est à l'extrémité de l'axe du cylindre.

117. Chaque roue tourne dans sa coursière, par le moyen d'un courant
d'eau, entre un équipage de trois cuves. La *planche VIII* renferme plus dis‑
tinctement l'élévation et le plan d'un de ces équipages ; on a observé d'em‑
ployer les mêmes lettres pour désigner les mêmes parties dans l'élévation et dans
le plan, c'est-à-dire, au haut et au bas de la planche. A A (*planche III*) re‑
présente la partie de la coursière qui est ouverte au dedans de l'atelier du
moulin ; CC, la roue à aubes qui est mue par le courant de l'eau ; DD, est
l'arbre de la roue qui, passant sous un pont destiné au service du moulin,
porte à chaque extrémité un rouet RR de huit pieds de diamètre, garni de
quarante-un aluchons espacés de six pouces ; le rouet RR conduit une lanterne
F, d'environ six pieds de diamètre, dont l'arbre est vertical, c'est-à-dire,
perpendiculaire à l'horison, et qui porte trente-quatre fuseaux espacés de
six pouces de milieu en milieu ; la lanterne F est mue au moyen de son axe
GG, qui porte en même tems un grand rouet HH, de onze pieds de dia‑
mètre. Ce grand rouet porte soixante-sept alouchons, et passe sur les trois
lanternes des cylindres I, chacune de sept fuseaux, dont les axes sont dis‑
posés horisontalement autour du rouet, qui doit les mettre en mouvement,
et sont dirigés vers le centre de ce rouet, comme on le voit dans le plan.

118. Au moyen des nombres que nous avons rapportés, il est évident que

---

(36) Cette assertion enlève à la nation
Hollandaise une découverte qui ne lui est
pas contestée par les autres peuples. Il au‑
rait donc fallu l'appuyer de quelques faits
qui auraient servi de preuves ; ou si l'on
n'avait pas pu les rassembler, il eût peut‑
être mieux valu la taire.

les cylindres font un peu plus de onze tours et demi , pendant que la grande
roue en fait un ; et comme la grande roue fait souvent douze tours par minute , les cylindres feront environ cent trente-huit tours par minute ; mais
cette quantité peut augmenter ou diminuer de beaucoup. Chacun de ces cylindres tourne dans une cuve dont il occupe un côté P, l'autre côté Q de la
cuve demeurant libre. On voit en K un cylindre à découvert et tournant dans
sa cuve ; on voit en L ce même cylindre recouvert d'un chapiteau (§. 136)
et en M une cuve dont on a enlevé le cylindre pour laisser voir les deux
plans inclinés *mm*, et la partie du milieu M , dont une portion est arrondie
en creux, et le reste occupé par la platine. Enfin l'on voit en *n*, les coulisses
dans lesquelles se placent deux châssis, l'un de fil de laiton, l'autre de crin ,
pour empêcher la déperdition de matière que causerait le grand mouvement
du cylindre. On concevra également dans la partie gauche *d*, où la figure
paraît brisée, un semblable équipage de trois cuves avec leurs cylindres.

119. Les cuves à cylindres sont formées par des pièces de bois de chêne
solidement assemblées; elles sont revêtues de plomb dans tout leur intérieur,
et tous leurs angles sont arrondis ; leur longueur intérieure est de dix pieds
quatre pouces, leur largeur de cinq pieds , comme on le peut voir *pl. III.*
Ces cuves sont divisées chacune dans le milieu par une cloison verticale
d'une forte pièce de chêne N N, longue de sept pieds, et de trois pouces
d'épaisseur , qui occupe toute la hauteur de la cuve , mais non pas toute sa
longueur. La partie de la cuve qui est du côté de Q , est absolument libre ; la
partie P est au contraire occupée par les plans inclinés, par la platine et
le cylindre.

120. La *planche IV* contient la coupe verticale sur sa longueur de la partie
d'une cuve dans laquelle roule le cylindre. A (*fig.* 1) est le plan incliné par
lequel les chiffons arrivent au cylindre. C, est une partie concavée cylindri-
quement , que l'on réserve pour le cylindre et la platine. D, est un autre plan
beaucoup plus incliné sur lequel les chiffons retombent après avoir été froissés
en B , entre le cylindre et la platine (§. 129). EF (*fig.* 2) est la vue extérieure
d'une cuve à cylindre , recouverte de son chapiteau G. On voit en H la trace
du cylindre; en I, les châssis qui passent au travers du chapiteau, et qui empêchent le chiffon de s'échapper par la gouttière qui reçoit les eaux exprimées
du chiffon. L , est un tuyau de conduite qui fournit de l'eau dans la cuve pour
laver le chiffon , comme on l'a vu (§. 111). Plus bas est une élévation de l'ex-
térieur de la cuve , vue sur sa largeur. P (*fig.* 3) est une trape qui se lève
pour faire couler la pâte dans un tuyau de plomb Q, et la conduire aux
caisses de dépôt. Ce tuyau descend presque perpendiculairement, et rampe
sous le pavé. R , est le cric qui était représenté en M dans la *figure* précédente , *planche III.*

121. Le total du cylindre, dont on voit la figure (*planche IV, fig.* 4,) est composé d'un arbre de fer ST, qui a huit pieds de long, tout compris, et environ trois pouces de diamètre. D'un côté il porte une lanterne X, de sept fuseaux, dont on voit le plan en Y (*fig.* 5); de l'autre, une partie cylindrique, formée de bois de chêne. Les ouvriers prétendent qu'il est utile que ce bois ait bouilli dans des cuves de salpêtre, pour qu'il soit moins sujet aux variations que l'humidité peut lui causer.

122. Cette masse cylindrique a vingt-trois pouces de long VV (*fig.* 4) sur vingt-six pouces et demi de diamètre *uu;* elle est garnie sur sa longueur de vingt-huit barres de fer, chacune d'environ quinze lignes de largeur, éloignées par conséquent l'une de l'autre d'environ vingt lignes, ce qui donne au cylindre la forme d'une colonne cannelée. Les barres de fer sont assemblées sur les deux bases du cylindre, par une platine de fer ZZ (*fig.* 6), percée de vingt-huit trous, dans lesquels entrent les extrémités de chaque barre, arrondies pour cet effet et rivées fortement en-dehors. On y ajoute trois ou quatre chevilles de fer ébarbées, qui passent au travers de chaque barre et vont entrer profondément dans le bois, pour contenir mieux ces barres sur le massif du cylindre. Nous verrons (§. 151) la construction hollandaise, qui semble avoir plus de force que celle que nous venons de décrire. On ne saurait assurer trop bien cet assemblage des barres de fer sur les bases ZZ. La vîtesse prodigieuse du cylindre produit un état terrible et très-dangereux lorsqu'une de ces barres vient à quitter; et comme la force du bois toujours exposé à une sécheresse alternative, travaille sans cesse à produire cette séparation, elle arrive quelquefois. On en a vu des exemples.

123. On augmente encore la solidité de tout cet assemblage, en refoulant le bois par un grand nombre de coins de fer, chassés avec force dans la masse, du bois, après que le cylindre est monté. Pour arrondir les cylindres, on est obligé de les mettre, pour ainsi dire, sur le tour; mais le poids énorme d'une pareille machine rend l'opération fort difficile. On essaya d'abord de les tourner en place, en les faisant mouvoir par la roue même qui agit dans le travail du papier; on reconnut bientôt que la vîtesse extrême du cylindre rendait l'opération et difficile et dangereuse; voici donc la manière dont on s'y prend aujourd'hui. Lorsque le cylindre est enarbré, centré, et à peu près rond, on le place horisontalement, et l'on présente tout contre une règle bien droite fixée sur un établi; on fait passer successivement chacune des barres du cylindre vis-à-vis de la règle. On voit alors s'il y en a quelques-unes qui ne soient pas parallèles à la règle, et l'on est à portée de les limer et de les réduire ainsi à une parfaite égalité.

124. Les barres de fer qui garnissent le cylindre, ont encore une cannelure sur leur longueur, au moyen de laquelle elles peuvent saisir mieux la

matière dans laquelle nagent ces mêmes barres, la couper et la déchirer.

125. Un cylindre avec son arbre pèse environ trois milliers. On avait essayé de faire des cylindres qui fussent creux dans l'intérieur, pour les rendre plus légers ; on a renoncé à cette méthode, et l'on aime mieux, pour leur donner plus de force, les conserver pleins et solides.

126. Si les cylindres étaient plus petits et plus légers, ils n'en recevraient que plus de vitesse ; l'opération en serait plus parfaite et plus prompte. On a fait des expériences avec des modèles qui n'avaient qu'un tiers du diamètre de ceux que nous avons décrits, et qui par conséquent pesaient vingt-sept fois moins, et elles réussissaient. Les cylindres de Hollande sont assez généralement plus petits que les nôtres.

127. On vient de faire aussi exécuter un cylindre de fer fondu et coulé, d'une seule pièce (37), dont on se sert à la nouvelle manufacture de *Vougeot*, près de Dijon ; il a été exécuté dans une forge de Franche-Comté. L'usage apprendra bientôt si cette méthode est préférable ; mais on doit espérer beaucoup de ce nouvel établissement, soutenu par la province de Bourgogne, dirigé par les lumières et les soins de M. de Beost, secrétaire en chef des états de cette province, et correspondant de l'Académie, qui connaît, qui encourage, et qui chérit tous les arts.

128. L'un des pivots du cylindre T (*fig. 4*) étant beaucoup plus chargé que l'autre, à cause de la proximité de la partie la plus massive, a besoin de beaucoup d'huile pour adoucir le frottement ; en conséquence on est obligé de garnir cette partie d'une ou de deux rondelles de fer *w*, pour que l'huile ne puisse pas glisser le long de l'axe, et se mêler avec la pâte, qui souffrirait beaucoup de ce mélange. On pourrait peut-être se passer d'huile, et adoucir beaucoup le frottement, en faisant tourner les pivots sur une forte semelle de plomb ou d'étain. Ces métaux sont d'une substance douce, moelleuse, et, pour ainsi dire, graisseuse, qui tient lieu d'huile, et empêche même que le frottement n'excite de la chaleur (38).

De la platine.

129. Dans la partie de la cuve qui répond au cylindre, il y a une platine

(37) Je ne sais quel a été le succès de cette tentative ; mais il paraît que le fer fondu ordinaire n'a pas assez de force.

(38) Il est fort douteux que cet expédient pût réussir. Il porte d'abord sur un faux principe ; c'est l'analogie du plomb ou de l'étain avec les substances graisseuses. Parce que ces métaux sont d'une substance douce et moelleuse, on ne peut pas en conclure qu'ils sont gras. Cette ductilité même le rend peu propre à soutenir un poids aussi considérable. Un poids de trois milliers pesant aurait usé en un seul jour une semelle de plomb ou d'étain. On n'en doutera pas, si l'on considère combien il faut peu de force pour les réduire en plaques.

de métal marqué B (*fig.* 1), et qui est représentée séparément en *bb* (*fig.* 7).
Cette platine est sillonnée, comme on le voit par sa coupe *c*, en sorte que les
arêtes vives dont sa surface est garnie puissent couper le chiffon, qui est forcé
par le mouvement du cylindre de passer entre le cylindre et la platine.

150. CETTE platine a deux pieds six pouces de long sur sept pouces de
large. On la fait ainsi d'une certaine largeur, afin qu'elle soit plus ferme par
sa base, et plus fixe par son poids; mais comme il n'y a qu'une petite partie
de sa largeur qui réponde au cylindre, et qui serve à broyer le chiffon, on
la divise en deux parties : l'une a ses arêtes inclinées vers la droite, et l'autre
les a inclinées vers la gauche. Quand la partie *b* est usée, on retourne la platine, et l'on fait servir la partie *b* en sorte qu'il n'y ait jamais que la moitié
qui serve. La platine est quelquefois de fer, quelquefois de cuivre rouge. Il
est bon d'y faire entrer un peu d'étain, parcequ'il a la propriété de durcir le
cuivre. On sait que le bronze ou le métal des canons, qui a environ un
dixième d'étain, est plus dur que le cuivre (36). D'un autre côté, il serait
dangereux d'y mettre trop d'étain : par exemple, trois parties de cuivre
avec une d'étain forment le métal des cloches, qui serait trop cassant pour
l'usage dont il s'agit.

151. POUR mettre le cylindre à la distance où il doit être de la platine,
on se sert d'un cric, et d'un coin de bois de sept à huit pouces de long, avec
lequel il s'agit de *sonder* le cylindre, c'est-à-dire d'en régler la hauteur. Pour
cet effet, l'un des pivots du cylindre est porté sur un levier qui s'étend de *f*
en *h* (*fig.* 1), et qui, soutenant le cylindre en *g*, l'éloigne ou le rapproche
de la platine, suivant qu'on élève ou qu'on abaisse le levier par le moyen du
cric M. La quantité dont le levier doit être élevé, ou le cylindre écarté de
sa platine, est réglée par le moyen d'un coin N, qui se place sous l'extrémité
de ce levier, et qui est divisé sur sa longueur. Un ouvrier, toujours attentif sur la cuve à cylindre, est chargé de sonder aussi bien que de *spatuler* de
tems à autre, comme nous le dirons §. 157. La partie S (*fig.* 4) de l'axe
du cylindre, qui est du côté de la lanterne, peut aussi s'élever par le moyen
d'un autre cric : mais on n'y touche point, à moins qu'il ne s'agisse de rac-

---

(39) M. de Justi ne pense pas que le
cuivre soit plus dur, lorsqu'on y a mêlé de
l'étain. Le métal, il est vrai, se laisse couper
plus aisément; mais cela ne vient pas de ce
qu'il est plus dur; il est seulement plus
cassant. Il ne reste pas à la lime plus
que s'il était pur. D'ailleurs, un métal cassant n'est guère propre à l'usage que l'on se
propose, parce que le tranchant des arêtes
est beaucoup plus tôt émoussé. Quand on
ne mettrait qu'un dixième d'étain, ou moins
encore, le métal sera toujours très-cas-
sant. Un centième produirait le même
effet. Il n'en est pas de même de l'étain;
on peut y mettre un trentième, un quarantième de cuivre, sans qu'il cesse d'être mal-
léable et propre à être travaillé. Ces faits
sont connus de tous les chimistes, et fondés sur des expériences incontestables.

commoder la machine; car, dans le travail ordinaire du papier, on ne saurait élever ni abaisser ce pivot, à cause du rouet qui passe immédiatement sur la lanterne.

132. Les fabricans voudraient que l'on pût élever à la fois les deux extrémités ou les deux pivots du cylindre, en sorte que le cylindre fût toujours parallèle à la platine. C'est en effet un inconvénient très-réel dans la construction précédente, que d'élever une des extrémités du cylindre, tandis que l'autre est fixe. Il est aisé de voir, par les dimensions du cylindre, que si l'on élève le pivot de dix-huit lignes, les barres de fer qui revêtissent le cylindre seront éloignées de la platine vers une extrémité de seize lignes, et vers l'autre de dix lignes seulement; en sorte que les chiffons passeront beaucoup plus aisément à un endroit qu'à l'autre, et que les barres ou la platine s'useront d'une manière fort inégale.

133. On remédierait à cet inconvénient par une autre forme de moulins, dont nous parlerons §. 174; mais dans la construction actuelle il y aurait plusieurs manières d'y pourvoir. Par exemple, on pourrait, au lieu de la lanterne des cylindres, y adapter une roue de champ, ou un autre rouet qui engrènerait dans les alouchons du grand rouet; l'engrenage ne changerait pas sensiblement, quand même on éleverait le cylindre de deux pouces (40).

134. On pourrait donner au rouage entier de ce moulin une autre disposition qui permettrait aussi d'élever le châssis entier sur lequel portent les deux extrémités du cylindre : pour cela, il suffirait de placer horisontalement l'axe qui porte la lanterne et le rouet, et qui dans la construction actuelle est situé verticalement; on placerait une lanterne sur l'axe de la roue à aubes; on descendrait le cylindre jusqu'au niveau du rouet de l'arbre tournant; dès-lors le cylindre serait pris de côté par le grand rouet, et l'on aurait la liberté, sans changer l'engrenage, d'élever de quelques pouces les deux pivots du cylindre.

135. Cette construction, aussi simple et plus parfaite que celle dont on a fait usage, nous paraît mériter d'être employée; elle exigera seulement que sur l'axe de la grande roue à aubes, il y ait un rouet ou une lanterne fort nombrée, sans quoi la vîtesse du cylindre ne serait pas assez considérable. Cette disposition ne servirait, à la vérité, que pour un seul cylindre; mais si sur l'axe qui porte la lanterne et le rouet, on plaçait deux autres rouets parallèles entr'eux, à cinq pieds de distance l'un de l'autre, on aurait de quoi faire mouvoir aisément trois cylindres, comme dans la construction ordinaire, qui seraient pris chacun par un rouet, mais qui seraient tous parallèles entre

---

(40) Il serait, ce semble, plus aisé de remédier à cet inconvénient, en disposant la platine de manière qu'on pût la hausser et la baisser. Alors on n'aurait pas besoin de changer les rouages.

eux. Cette disposition donnerait même le moyen de faire mouvoir plus de trois cylindres par une même roue, si les eaux étaient assez abondantes pour donner assez de force à cette roue.

136. L'eau qui coule sans cesse dans la cuve à cylindre pour arroser les drapeaux, est rejetée par le cylindre sur un chapiteau, ou espèce de caisse de sapin, qui le recouvre en entier ; elle se filtre au travers d'un châssis de verjure et d'un autre châssis de crin, et tombe dans une gouttière qu'on appelle le *dalon*, marquée Q dans la *planche IV*. De là, elle coule dans un égout qui la conduit hors du moulin.

137. A mesure que la cuve reçoit ainsi de l'eau claire par un côté, elle rend de l'autre une eau bourbeuse et noirâtre, chargée des immondices qui se sont détachées du chiffon ; on voit ensuite les matières croître peu à peu en blancheur d'une manière sensible. C'est de ce renouvellement continuel de l'eau des cuves, que dépendent la blancheur et la qualité brillante du papier. Nous en avons déjà parlé ci-dessus.

Moulins de Hollande.

138. Après avoir donné la description du moulin, tel qu'il est exécuté à Montargis, il ne sera pas inutile de mettre sous les yeux du lecteur la disposition d'un moulin hollandais, qui tourne par le moyen du vent. Les figures en sont tirées du livre de *Schenk*, comme nous l'avons dit ; mais nous y ajouterons l'explication et les détails que l'auteur Hollandais a supprimés.

139. La *planche V* représente l'élévation du moulin. La cage, qui est d'une forme hexagone, est formée principalement par six poteaux corniers d'environ cinquante pieds de haut, dont quatre seulement paraissent dans la *figure* en AAAA. Plusieurs croix de St. André les assemblent, et les assujétissent les uns avec les autres, comme on le voit en BB. Les pièces horisontales, placées de distance en distance, sont emmortaisées dans les poteaux corniers ; et plusieurs liens *b b* sont embreuvés dans les pièces horisontales, pour empêcher mieux l'hiement de la charpente, c'est-à-dire le jeu que les pièces pourraient prendre les unes sur les autres, par l'ébranlement et la force du vent.

140. Au sommet de la cage on voit l'arbre tournant ou l'arbre des volans CD, situé, non pas horisontalement, mais sous un angle de dix degrés, pour que les volans en prennent mieux le vent. Il tourne en D sur un poaillier, où il est appuyé contre un heurtoir *d* qui le soutient pour résister à l'impulsion du vent.

141. Les ailes du moulin sont portées, comme à l'ordinaire, par deux volans ou verges de quarante pieds de long, qui se croisent à angles droits dans la tête de l'arbre CD. On voit un de ces volans en *ee*. C'est à leur extré-

mité que se placent les antes, les lattes et les coterets, qui forment les ailes du moulin. Nous n'entrerons pas dans le détail de ces différentes parties, qui appartiennent à la charpenterie, et que l'on peut voir dans le traité de Mathurin Jousse, revu par feu M. de la Hire, en attendant que l'Académie ait publié la description de cet Art.

142. L'ARBRE C D étant mis en mouvement, le rouet E de 61 aluchons fait tourner un autre rouet horisontal de 32, qui est à l'extrémité F d'un *arbre debout* FGH, tournant verticalement dans une crapaudine qui reçoit son tourillon inférieur; au bas de cet arbre est un autre rouet H de 57, qui engrène tout à la fois dans les lanternes ou dans les rouets, qui sont aux extrémités des trois cylindres : on voit un de ces rouets de cylindre dans la *figure* en I, qui a 16 aluchons; le second est recouvert par le chapiteau K, et le troisième est caché par la disposition géométrale de cette élévation. Le cylindre à affiner a un rouet de 14 aluchons, au lieu de 16. Le même arbre FG, par le moyen d'un autre rouet G de 55, fait tourner un arbre de renvoi LL, qui porte du côté de G un rouet de 26, et par l'autre extrémité un rouet de 30. Ce dernier engrène dans un autre rouet M de 23, dont l'arbre descend et porte encore un dernier rouet de 22, qui passe sur deux cylindres, dont les lanternes ont 15 fuseaux. On ne voit pas ces lanternes dans la *figure*, mais seulement le chapiteau qui recouvre un des cylindres.

143. LE même arbre FG, qui fait mouvoir tous ces cylindres par le moyen des rouets inférieurs, en porte encore un vers sa partie moyenne O, de 27 aluchons. Ce rouet en fait mouvoir un autre P de 29, qui porte sur son axe une manivelle. De cette manivelle descend une tringle qui saisit en Q la bascule ou brinbale RQS, mobile autour du point S. L'autre extrémité Q de la brinbale fait mouvoir la tringle RR du piston qui descend dans la buse S du corps de pompe, d'où l'eau se dégorge dans la cuvette TV. Plusieurs petits cheneaux V*u* partent de la cuvette, et vont se distribuer dans les cuves à cylindre, pour y renouveler sans cesse l'eau qui doit affiner les chiffons.

144. LORSQU'IL est nécessaire d'arrêter le mouvement de la pompe, on fait désengrener le rouet de la pompe au moyen du levier PP, qui s'élève par une corde *p p p*.

145. LA galerie XX, qui règne tout autour du moulin, est destinée au service de ceux qui doivent *tirer au vent*, c'est-à-dire diriger l'arbre tournant DC, du côté d'où vient le vent; la queue du moulin Y est fixée dans la charpente du comble en Z, pour la faire tourner sur la plate-forme WW.

146. DE l'extrémité inférieure de la queue du moulin, partent deux *pièces en écharpe yy*, destinées à l'arc-bouter, et qui vont embrasser le comble tournant, pour lui imprimer le mouvement avec plus d'aisance.

147. La queue du moulin est elle-même entraînée par le moyen de l'*engin à tirer au vent*; on en voit seulement le *treuil*, aa; la charpente de l'engin étant supposée comme à l'ordinaire, telle qu'on puisse la transporter tout autour de la galerie XX.

148. Par le moyen des nombres qui ont été indiqués à chacun des rouets de la machine précédente, il est aisé de juger de la vîtesse des cylindres en Hollande; un rouet E de soixante-un en fait tourner un de trente-deux en F; et un rouet placé sur le même arbre en H, de cinquante-sept aluchons, fait tourner un cylindre affineur sur lequel est un rouet de quatorze : multipliant donc la fraction $\frac{61}{32}$ par $\frac{57}{14}$, on trouve $7\frac{3}{4}$ ou un peu plus; ce qui prouve que lorsque l'arbre des volans fait un tour, le cylindre en fait presque huit.

149. De même, pour avoir la vîtesse des cylindres émousseurs, il faut multiplier les quatre fractions suivantes $\frac{61}{32}$, $\frac{35}{24}$, $\frac{30}{23}$, $\frac{24}{25}$; le produit est $4\frac{8}{9}$, ou un peu plus; ainsi les moussoirs font presque cinq tours pendant une révolution des ailes du moulin; et ils n'ont que les $\frac{1}{8}$ de la vîtesse des affineurs.

150. Supposons actuellement qu'en Hollande, les ailes d'un moulin fassent dix tours par minute, comme nous l'observons à Paris lorsque le vent est un peu fort : on trouvera que le cylindre affineur fait environ soixante-dix-huit tours, et le cylindre émousseur quarante-neuf tours par minute.

151. La *planche IV* contient la coupe de deux sortes de cylindres hollandais, tournans dans leurs cuves, et recouverts de leurs chapiteaux. A A (*fig.* 1) est un cylindre de bois, ou moussoir de deux pieds de diamètre, qui ne sert qu'à délayer les matières au moment où on doit les employer. On ne voit en BB qu'une concavité de bois sans platine, contre laquelle est jetée la pâte qu'il s'agit d'affleurer, au lieu d'y être coupée comme dans les autres. Nous parlerons de cette opération, §. 167. Le cylindre affineur C (*fig.* 2), est construit à la manière des Hollandais; il est de bois plein, garni de vingt-huit lames de fer, dont chacune est encore sillonnée à vive arête pour saisir mieux les chiffons, et les déchirer sur la platine D. Ces lames de fer sont représentées séparément en E (*fig.* 3) : on y voit deux entailles ee, dans lesquelles passent deux cercles de fer destinés à les assujétir sur les bases du cylindre. Cette forme de cylindres paraît être plus solide et plus parfaite que celle dont on a vu la description, §. 121. On peut aussi y remarquer que ce cylindre est plus petit que ceux du §. 121, et il n'en va que mieux; on a vu même des cylindres de neuf pouces de diamètre qui réussissaient parfaitement. F (*fig.* 4) représente le châssis de verjure, et G (*fig.* 5) la planchette de bois, qui se placent en f et en g alternativement, suivant qu'il s'agit de laver, ou d'interrompre totalement le cours de l'eau; y (*fig.* 2) représente le dalon ou la gouttière qui reçoit les eaux rejetées par le cylindre. La longueur de ce cylindre est de vingt-sept pouces, mesure de France, aussi bien que son diamètre, en y comprenant la saillie des barres de fer.

152. La cuve du moussoir a huit pieds et demi de longueur sur quatre pieds et demi de largeur et un pied et demi de hauteur ; celle du cylindre *d d* (*fig.* 2) a neuf pieds et demi de longueur, quatre pieds dix pouces de largeur, et vingt-un pouces de hauteur ; l'une et l'autre étant mesurées intérieurement.

153. La machine *décrite ci-dessus et représentée dans la planche V*, fait mouvoir immédiatement le grand rouet H, dans lequel engrènent les rouets qui sont aux extrémités des axes de chaque cylindre. L'un des trois cylindres est un cylindre à éfilocher ; les deux autres, des cylindres affineurs, autant que l'on peut le conjecturer par les expressions de *halve bak* et *heele bak*, qui signifient proprement demi-cuve, et cuve entière. Un arbre de renvoi va communiquer le mouvement à deux cylindres émousseurs, au moyen de trois rouets, dont l'un est porté sur l'arbre de renvoi, et les deux autres sur un axe vertical, qui sert à changer la direction du mouvement.

154. On voit aisément que les cylindres qui ne reçoivent le mouvement qu'au quatrième engrenage, ont beaucoup moins de force que les cylindres affineurs ; mais elle leur est aussi moins nécessaire, puisqu'ils ne servent qu'à mousser.

De l'éfilochage, et de l'affinage.

155. L'opération des moulins à papier a déjà été décrite à l'article des maillets ou pilons ; nous verrons actuellement la manière dont elle se pratique au moyen des cylindres dont on vient de lire la description. On distingue deux opérations des cylindres, celle d'*éfilocher*, et celle d'*affiner* : opérations qui, quoique fort semblables dans le fond, diffèrent par plusieurs circonstances.

156. Les drapeaux, au sortir du *dérompoir* ou de la *faux*, doivent être mis sous les cylindres *éfilocheurs* ou *épluqueurs* ; là ils sont lavés d'abord, ensuite déchirés et broyés pendant quatre, cinq ou six heures ; de là on les porte sous les cylindres affineurs, pour y être froissés et atténués pendant six ou sept heures : au reste, la durée de ce travail varie considérablement, et dépend beaucoup de la vîtesse de l'eau. On prétend qu'une machine bien montée, lorsque toutes les parties sont entières, que les eaux sont bonnes, que le chiffon est bien délissé et bien pourri, peut éfilocher en deux heures et affiner en trois heures ; cependant nous ne voudrions pas répondre d'une si grande célérité. On juge que la matière est assez éfilochée, à peu près comme nous l'avons dit en parlant des pilons d'Auvergne : on en prend une poignée, on en exprime l'eau, on la sépare par le milieu ; si on y voit dans l'intérieur des filamens courts, écrasés, velus, semblables à des pieds de mouches, et d'une contexture homogène, on estime que l'éfilochage est fini.

157. Les cylindres éfilocheurs ne sont pas aussi près de la platine que

les affineurs (§. 132); il y faut un espace suffisant pour que des substances encore grossières et filamenteuses puissent passer. A mesure que la pâte est plus délayée, on rapproche le cylindre de la platine. Au commencement de l'opération, le cylindre en est éloigné d'un travers de doigt, ou de sept à huit lignes, et cette distance se diminue en deux tems, ou à deux reprises différentes, pendant la durée de l'opération, jusqu'à n'être pas d'une demi-ligne.

158. Les cylindres affineurs sont d'abord éloignés d'environ trois ou quatre lignes de la platine; mais une demi-heure après, on les abaisse de manière qu'il y ait à peine l'épaisseur d'une petite pièce de monnaie. A en juger même par le bruit que le fabricant veut toujours entendre, disant que le cylindre doit *ronfler*, il paraît que le cylindre effleure sans cesse la platine.

159. Les cylindres éfilocheurs diffèrent encore des affineurs, en ce que les premiers n'ont point de gouttière ou rainure sur chacune des barres de fer dont le cylindre est garni. Cette rainure sert, dans les cylindres affineurs, à multiplier les inégalités de la surface, et par conséquent à saisir les chiffons par un plus grand nombre de points.

160. Les chapiteaux diffèrent aussi dans ces deux sortes de cylindres. Pour éfilocher, on emploie un châssis garni de fil de laiton ou de verjure; c'en est assez pour empêcher le passage d'une pâte encore grossière : mais pour affiner, il faut de plus un châssis de crin qui se place derrière le châssis de verjure, c'est-à-dire au dehors, pour tenir lieu du *kas* dont nous avons parlé ci-dessus. Alors le châssis de verjure ne sert qu'à briser l'effort de la pâte qui frappe sans cesse contre lui (41); et le châssis de crin sert à filtrer l'eau, qui, sans cette précaution, emporterait avec elle la portion la plus raffinée de la substance qui se travaille (42).

(41) En Allemagne, les cylindres sont placés, avec leur platine, au fond d'une cuve. Ils sont entièrement couverts de pâte qu'ils entretiennent dans un mouvement perpétuel, sans qu'il s'en perde la moindre partie.

(42) Dans une addition placée à la fin de son ouvrage, M. de Lalande décrit un nouveau cylindre exécuté pour la manufacture de Montargis, par M. Destriches, maître serrurier à Paris. Ce cylindre est creux; il n'a point le noyau de bois dont nous avons parlé §. 121. Deux tourtes de fer, d'un pouce d'épaisseur et de deux pieds de diamètre, telles que ZZ (*pl. IV*, *fig.* 6), forment les bases du cylindre. Les tourtes portent des croisillons renfoncés d'un demi-pouce vers le collet.

On voit (*pl. V*, *fig.* 2), une portion RRSS de la circonférence de cette tourte, dont la hauteur de RR est de trois pouces.

Les lames qui forment le cylindre, et dont on voit la coupe TTVV, sont au nombre de 25; elles ont deux pieds de longueur, 18 lignes d'épaisseur TV, trois pouces de hauteur TT; elles sont terminées par un tourillon de fer qui porte un goujon épaulé, taraudé sur une longueur de neuf lignes qui passe au travers de la tourte et se contient par un écrou X à huit pans.

Au-dessous de ce point fixe, à la distance

161. La cuve à affiner exige aussi beaucoup moins d'eau que la cuve à éfilocher ; le courant qu'on établit pour achever de laver et de dégraisser le chiffon, n'est pas si fort ; on ne donne, pour ainsi dire, qu'un filet d'eau ; et quelquefois vers la fin on l'arrête totalement. Il faut alors fermer le chapiteau avec une planche, qui retienne tout à fait l'écoulement de l'eau. Voilà pourquoi on a vu que le réservoir qui est dans la partie gauche de l'atelier, est beaucoup moindre que celui qui est dans la partie droite. Celui-ci sert aux cylindres éfilocheurs, et le premier aux affineurs seulement.

162. La quantité de chiffons qui entrent dans les cuves à éfilocher, dont on a vu les dimensions (§. 119), est d'environ cent vingt livres ; mais dans les cuves à affiner, il entre environ cent soixante livres de pâte éfilochée, parce que c'est une matière spécifiquement plus pesante que le chiffon ; d'ailleurs il faut moins d'eau pour l'affinage que pour l'éfilochage : ainsi il reste plus d'espace pour la matière que l'on doit éfilocher.

163. Pendant la durée du raffinage, il est fort essentiel de *spatuler* souvent, c'est-à-dire de remuer les drapeaux avec une longue perche, de les

d'environ 15 lignes, une autre vis Y à tête carrée, avec une ambasse circulaire traversant la tourte, entre d'un pouce dans la lame, et achève de la contenir. Il faut concevoir cette tourte de fer servant de base à toutes ces lames, et recevant leurs goujons.

A l'égard des intervalles Z Z, que laissent entr'elles les lames des cylindres, ils ont, aussi bien que ces lames, 18 lignes de largeur ; mais comme il s'agit d'empêcher que les matières n'entrent dans la concavité du cylindre, ces intervalles sont remplis par des lames circulaires *b b*, qui, comme les lames tranchantes, ont deux pieds de longueur. Chacune de ces lames circulaires porte des deux côtés une languette sur toute sa longeur ; ces languettes sont arrêtées dans les rainures *d d*, pratiquées le long des lames tranchantes T T. Ainsi ces lames circulaires ont 18 lignes de large *d d*, trois lignes d'épaisseur *b b*, et deux pieds de longueur.

Pour assembler les pièces qui composent ce cylindre, on place les 25 lames tranchantes dans les 25 trous d'une des tourtes, avec chaque lame circulaire entre

deux. Vers le centre de la tourte, est ajustée une boîte de fer composée de quatre lames de deux pieds de long, assujéties de 8 en 8 pouces par des brides intérieures, et destinées à embrasser mieux et à serrer l'axe qui doit traverser ce cylindre. Lorsque toutes les lames de la circonférence et la boîte du centre sont placées sur la première tourte, on place la seconde tourte sur les tourillons des lames et sur les épaulemens de la boîte : une forte rondelle de fer, retenue par une clavette, assujétit tout l'assemblage, aussi bien que les 25 écrous et les 25 vis, dont nous avons parlé. Chacune des lames est échancrée au burin sur toute sa longueur, comme on le voit en *e* ; l'échancrure a quatre lignes de profondeur et sept lignes de largeur ; elle sert à couper mieux le chiffon, en multipliant les angles ou arêtes tranchantes de la surface du cylindre.

L'assemblage de ces lames avec leurs tourtes pèse environ 1200 ; l'arbre qui les traverse avec sa lanterne, 800 ; en sorte que le poids total de ce cylindre enarbré ne sera guère que de 2000.

aller chercher dans les angles et de les ramener dans le courant qui doit les
conduire sous le cylindre ; sans cela, il se formera des flocons et des grumeaux d'une matière qui ne sera point *faite* , quand le reste de la cuve sera
suffisamment affiné. La négligence et l'oubli des ouvriers à cet égard nuit
beaucoup à la bonté et à l'égalité du papier.

164. La durée de l'affinage n'est pas toujours la même ; il faut l'expérience
d'un habile fabricant , pour juger du tems où la pâte doit être retirée de
la cuve. Les grandes sortes de papier demandent une matière moins affinée ;
la vîtesse du courant d'eau, qui n'est pas la même dans les différentes saisons
de l'année, y met aussi une fort grande différence. D'ailleurs, la fermentation
qui a préparé la *mouillée*, avant qu'elle passât sous les cylindres, n'est pas
toujours la même ; elle est plus forte, toutes choses égales, en été ; et l'attention des fabricans à retirer les chiffons du pourrissoir n'est pas toujours
assez exacte pour arrêter le pourrissage au même degré. On avait voulu fixer
la durée de l'affinage par le moyen d'une horloge ; mais on a été forcé de
renoncer à cette règle, et d'abandonner la chose au coup-d'œil et à l'expérience du fabricant. Si l'on affine des coutures, du bufle, ou du drapeau
un peu verd, il faut quelquefois une heure de plus que pour le drapeau
ordinaire.

165. Pour savoir si la pâte est suffisamment affinée , on en prend une poignée , on la noie dans un seau d'eau, on fouette cette eau, on la verse lentement dans la cuve ; on regarde attentivement , en la versant, si elle est bien
homogène , bien fluide, enfin si elle blanchit l'eau, sans laisser apercevoir de
molécules, ou de parties non broyées : c'est l'état où cette matière doit être
en sortant des cylindres affineurs.

166. Lorsqu'une machine est bien construite, douze cylindres peuvent
entretenir perpétuellement trente cuves d'ouvriers ; et telle était la destination primitive de la manufacture de Montargis : mais dans l'état actuel il
est rare qu'on puisse même employer six cylindres à la fois ; il n'y a pas cinq
pieds de chute vers les coursières. Les eaux que fournit le canal de Montargis sont peu abondantes, et sujettes à de grandes inégalités par les séche-
resses ou par les pluies, et le jeu des pompes emploie une partie de la force
des roues. Aussi a-t-on proposé, depuis l'établissement de la manufacture, de
faire construire encore quelques cylindres dans un autre lieu du canal, où
il y a plus d'eau et plus de chûte. Lorsqu'on est pressé pour l'ouvrage , on éti-
loche plus long-tems, et la durée de l'affinage est abrégée ; mais alors on
augmente le déchet. Il y a moins de perte à laisser la pâte sous les cylindres
affineurs, où il passe moins d'eau, pourvu qu'elle n'y reste pas assez pour se
graisser.

Des cylindres affleurans.

167. OUTRE les cylindres éfilocheurs et les cylindres affineurs, on emploie encore en Hollande une troisième préparation analogue à celle des piles de l'ouvrier ou des maillets affleurans, dont nous avons parlé ci-dessus : c'est celle des cylindres affleurans que l'on peut appeler du nom de *moussoir*, ou *émoussoir* ; on en voit un en A (*planche VI, fig.* 1). C'est là qu'on porte la pâte déjà affinée, pour écraser les bros, et la délayer encore mieux, avant qu'elle aille aux cuves des ouvriers. L'on évite ainsi l'inconvénient de laisser trop long-tems la pâte sous les cylindres affineurs : ce qui la rend trop grasse, trop courte, augmente le déchet, et rend le papier plus cassant.

168. LES cylindres affleurans, tels que A A, sont totalement de bois ; comme ils ne sont pas destinés à de grands frottemens, ou à une forte trituration, ainsi que les cylindres affineurs, ils n'ont pas besoin d'être fortifiés et revêtus de ces barres tranchantes qu'on voit dans les autres cylindres (§. 151).

169. ON avait d'abord construit à Montargis, des moussoirs que l'on a supprimés dans la suite ; ils étaient élevés sur un beffroi, éloignés des cuves à ouvrer de cinquante à soixante pieds. La pâte, en coulant sur un si long espace, était exposée à se salir et à se perdre en partie : d'ailleurs ces moussoirs chargeaient encore la roue qui était obligée de leur communiquer le mouvement à une assez grande distance ; on a mieux aimé y renoncer, et s'assujétir à porter la pâte dans la cuve à ouvrer, presque au sortir de l'affinage.

De la graisse du papier.

170. MALGRÉ la précaution des deux châssis, ou celle du kas, on comprend que l'eau doit dissoudre et emporter avec elle une bien grande portion de la substance des drapeaux. On a essayé quelquefois de rassembler cette eau pour en faire du papier ; mais elle est trop mucilagineuse, ou huileuse ; elle ne peut s'étendre sur la forme, elle se colle, elle se fige, elle file : qualités qui toutes s'opposent à l'usage qu'on en aurait voulu faire.

171. CETTE partie huileuse est analogue à celle qu'on retire de la plupart des végétaux et même des animaux, par une longue trituration. Lorsque les sels de la plante, séparés des parties fibreuses et terreuses, viennent à se dissoudre dans l'eau, ils se combinent avec les huiles et forment une matière savonneuse, aussi dissoluble dans l'eau. Telle est l'étiologie (43) de l'opération chimique dont les frabicans se plaignent souvent dans leurs moulins, et qu'ils font nécessairement sans le savoir. De là vient aussi qu'une pâte trop long-tems affinée se *graisse*, comme disent les fabricans, parce que la partie

(43) L'auteur veut dire : telle est la cause qui rend cette opération nécessaire.

huileuse trop développée se combine en trop grande abondance avec les sels.
Alors elle est savonneuse, difficile à lier; le papier est plus cassant, il prend
la colle moins amoureusement, c'est-à-dire, se colle avec moins de perfection.
En général, une extrême subdivision produit souvent la qualité savonneuse,
même dans les corps qui en paraissaient les plus éloignés. On parvient à sub-
diviser et à atténuer le verre de telle sorte que, mêlé avec l'eau, il a tout le
savonneux et le graisseux de l'argile (44). Quoi qu'il en soit de l'explication
que nous essayons d'en donner, il passe pour constant qu'une pâte trop long-
tems affinée se *graisse*, suivant le langage ordinaire des fabricans, et devient
moins propre à faire du papier. C'est sous les cylindres affineurs que l'on
peut verser la matière colorante, si l'on essaie, à la manière des Hollandais,
de donner au papier un blanc de lait ou un blanc azuré, comme nous le
dirons ci-après.

Comparaison des deux sortes de moulins.

172. L'opération des cylindres exige moins de tems que celle des pilons,
et produit moins de déchet; elle broye parfaitement en 8 à 10 heures, ce
qui en exige 24 ou 30 sous les pilons; et une papeterie à deux cylindres peut
donner par an 75 milliers de papier, tandis qu'une papeterie à pilons, où
il n'y aura qu'une roue avec six creux de piles, n'en pourra fabriquer que
25 milliers au plus, c'est-à-dire, ne pourra occuper qu'une cuve d'ouvrier
(§. 399).

173. Il nous suffirait, pour démontrer l'avantage des cylindres sur les
maillets, d'avoir dit qu'il faut trois fois plus de tems avec les maillets, qu'il
n'en faut avec les cylindres de Hollande, pour préparer la pâte. Mais ce n'est
pas encore tout; il doit être fort difficile de faire une pâte bien égale et un
papier bien uni avec les maillets : si on les élevait jusqu'à ce qu'ils fussent
hors de la matière, ils l'écarteraient et la feraient rejaillir, en tombant, de
manière à tout perdre. Si on ne les élève que peu, et que la matière surnage,
pour lors il arrive que les chiffons qui sont sur la surface de l'eau ne sont
point battus, et qu'il n'y a que ceux du fond qui puissent être atténués.
Enfin, soit qu'on élève peu ou beaucoup les maillets, il arrivera à tout moment que la matière qui avait besoin d'être battue, le sera trop peu, et
que celle qui n'en avait pas besoin, recevra l'effort des maillets; s'il y
a des parties à qui il faille une certaine force pour les déchirer et les atténuer, les maillets ne pourront point opérer ce déchirement comme des arêtes

---

(44) Cela ne peut se faire sans eau. On
aurait beau broyer le verre à sec, jamais
on ne parviendrait à produire cette matière
graisseuse. Il s'agit donc de décider si cet
effet n'est point produit par quelques substances étrangères, ou par l'eau qui s'est
unie par le frottement aux particules de la
matière.

de fer qui s'effleurent plus de cent fois par minute avec une violence
capable de briser la plus forte résistance; car comme la matière suffisamment
atténuée y passe sans résistance, il n'y a que celle qui ne l'est pas encore qui
soit tiraillée et froissée par le cylindre ; ou, pour mieux dire, les différens
chiffons allant toujours ensemble et passant toujours par le même interstice,
ils forment, au commencement comme à la fin, une matière toujours homogène, toujours égale ; de là vient qu'en général le papier de Hollande nous
paraît plus égal, plus homogène que le nôtre. Les cylindres sont aussi moins
sujets aux fréquentes réparations, que les moulins à pilons. Il y a des cylindres à Montargis, qui servent depuis dix-huit à vingt ans, au lieu que les
maillets ont besoin d'être réparés communément tous les cinq ans.

Autre forme de moulins, qui a été proposée.

174. Le principal inconvénient de la machine que nous venons de décrire, a toujours consisté dans la manière d'éloigner le cylindre ou de le rap-
procher de la platine. Il est évident en effet, que comme l'une de ses extrémités est terminée par un pignon sur lequel passe le rouet destiné à le mouvoir, on ne saurait élever cette partie ; on se contente donc de soulever le
pivot qui est le plus près du cylindre : dès-lors le cylindre n'est plus parallèle
à la platine ; il en est plus près environ d'un tiers à l'une de ses extrémités qu'à
l'autre. Nous avons indiqué (§. 152) un moyen assez simple d'y obvier ;
mais M. de Genssane, actuellement concessionnaire des mines de Franche-
Comté, et correspondant de l'Académie, avait entrepris de le faire en donnant une toute autre forme à ses moulins : nous allons en donner une idée ;
cependant, comme elle n'a point été employée, on ne saurait garantir ses
avantages ; ce serait à l'expérience à les constater.

175. Il y a environ trente ans que M. J. B. de Méan, ingénieur, qui avait
vu les moulins à papier de Serdam, en fit construire plusieurs dans le même
goût, c'est-à-dire avec des cylindres, à Arras, à Dinan, dans le pays de Liége,
à Huy et à Dalem. Ce fut lui qui en communiqua la méthode à M. de Genssane,
qui non-seulement les fit connaître en France, mais qui, d'après les premiers
documens, travailla à les perfectionner. Il parvint en effet à leur donner la
disposition dont nous allons parler, et dont il présenta le projet à l'Académie le deuxième août 1737. L'auge de M. de Genssane n'a aucune cloison,
comme celle de la machine hollandaise ; de sorte que le mouvement des chiffons y est plus libre et l'agitation plus forte, à raison d'un moindre obstacle.
Le cône de M. de Genssane brise la matière sur deux plans inclinés, posés de
chaque côté du cône ; et par conséquent chaque point de la circonférence du
cône agit deux fois à chaque tour, une fois sur chaque plan : ainsi cette machine
paraît faire le double du travail de la machine hollandaise, qui n'a qu'une seule

platine. Le cône de M. de Genssane s'élève verticalement et parallèlement. Dès-lors la surface du cône est toujours parallèle aux plans des deux platines, et agit uniformément ; au lieu que dans la machine à cylindre de la construction actuelle, on n'élève qu'une des extrémités du cylindre, qui dès-lors n'est plus parallèle à la platine, si ce n'est dans une seule position.

176. La cuve est semblable à celle dont nous avons parlé à l'occasion du cylindre (§. 119) ; un cône, dont l'axe est vertical, également armé de fer, est posé horisontalement au centre de la cuve ; deux platines de fer, de cuivre, ou de métal plus dur, sillonnées dans leur longueur, sont placées à côté du cône. Ces deux platines sont inclinées de façon qu'elles soient parallèles aux côtés du cône, soit qu'on éloigne ou qu'on approche le cône des platines.

177. Le pivot inférieur est placé dans une crapaudine pratiquée au fond de la cuve, et qui est à l'extrémité d'un levier. Ce levier mobile autour d'un point communique par le moyen d'une charnière, à une autre barre de fer, placée verticalement, et dont l'extrémité supérieure est hors de la cuve. Un écrou placé à cette extrémité sert à enfoncer dans la cuve l'extrémité du levier, à faire monter la crapaudine, et par conséquent le cône. Dans cette position, l'espace qu'il y a entre le cône et les platines est beaucoup plus considérable que dans l'autre cuve, où le cône touche presque aux platines de chaque côté, parce que l'extrémité du levier est relevée, ce qui fait descendre la crapaudine jusques sur le fond de la boîte, et la circonférence du cône jusques sur la surface des platines.

178. Pour faire agir cette machine, il suffit de poser sur l'axe du cône une lanterne, dans laquelle engrène un rouet, qui, partant de la roue à aubes, communiquera son mouvement à toute la machine. Le rouet pourrait être porté sur le même axe que la grande roue, pourvu qu'il fût fort grand et fort nombré ; mais il vaut encore mieux, pour augmenter la vîtesse du cylindre, qu'il y ait un axe de renvoi, et que le rouet de la roue à aubes agissant sur un pignon adossé à une roue, cette dernière roue fasse mouvoir la lanterne, qui par ce moyen ira beaucoup plus vîte.

179. Lorsqu'au moyen de l'écrou, on aura élevé le cône d'un ou deux pouces, l'engrenage de la lanterne n'en sera pas plus fort, elle sera seulement prise un peu plus bas par le rouet.

180. Si l'on descend le cône de cette nouvelle machine jusqu'à ce qu'il touche presque les deux platines, il pourra arriver que la matière soit réduite à perdre sa consistance ; et c'est un des défauts de la fabrique hollandaise, d'où naît l'inconvénient d'avoir un papier qui se coupe dès qu'on le plie ou qu'on le fatigue avec quelque instrument.

181. Il pourrait être utile de ne pas laisser la matière sous le cône que l'on vient de décrire, jusqu'à la fin de l'opération, mais de la faire passer sous un

cône garni de bandes de fer, qui seraient piquées de la même manière que les râpes à bois, avec des platines également piquées. Alors, dit M. de Genssane, ayant fixé la distance entre le cône et les platines au plus bas point possible, sans que les deux surfaces se touchent, il arrivera que la matière sera parfaitement déchirée, sans qu'elle soit coupée. Car les pointes de la surface du cône ayant accroché et entraîné les parties de chiffons, elles ne peuvent manquer d'être arrêtées, déchirées, et comme cardées par les pointes de la platine, qui en sont tout proche.

182. La forme conique, substituée par M. de Genssane à celle des cylindres, entraîne cependant un inconvénient : la vîtesse des parties inférieures du cône est beaucoup moindre que celle des parties supérieures ; et le chiffon se précipitant toujours en bas par son propre poids, peut s'y présenter souvent en plus grande quantité que dans les parties qui ont plus de vîtesse : ce qui rendra l'opération fort inégale.

183. Après avoir parlé des cylindres, et de la manière dont M. de Genssane a entrepris d'en corriger les inconvéniens, c'est ici le lieu de parler du moyen qu'il proposa aussi d'employer, à la place du décompoir, pour couper le chiffon au sortir du pourrissage avec plus d'aisance et plus d'égalité : c'est la machine que nous avons annoncée ci-dessus.

184. Nous supposons (*planche VI, fig.* 6), une cuve TT, de cinq ou six pieds, dans la forme de celles où agissent les cylindres, capable de contenir de l'eau avec une quantité de chiffons sortans du pourrissoir. Elle est divisée dans le milieu, ou à peu près, par une planche VV dont les extrémités laissent entre elles et celles de la boîte un espace TV, aussi grand à peu près que l'espace VY, qui est entre la planche et les côtés de la boîte ; l'un des côtés de la cuve est occupé par un plan incliné VY, formé d'une seule pièce de bois solide, et représentée séparément en *uy* (*fig.* 7). Ce plan incliné est garni de plusieurs *tranchets a, b, c, d*, semblables, pour ainsi dire, à ceux dont se servent les cordonniers.

185. Au-dessus de ces tranchets est adapté un cylindre, dont le profil est en ZZ(*fig.* 8), la coupe en *z z* (*fig.* 9). Les arêtes de ce cylindre sont interrompues et divisées transversalement par des cannelures ou entailles profondes *fff*, placées de manière que le cylindre venant à tourner, les tranchets *a, b, c, d,* engrènent exactement dans ces entailles : on a marqué par un cercle ponctué sur le plan *zz*, la profondeur qu'elles doivent avoir. Le cylindre *gg* (*fig.* 10) porte, aussi bien que les autres cylindres, une lanterne en *m*, par laquelle il reçoit le mouvement de la roue à aubes, qui est mue par le courant de l'eau : ce cylindre doit avoir moins de vîtesse que les autres ; les chiffons ne font presque qu'y passer ; et dès la première fois ils sont assez coupés pour pouvoir être portés sous les cylindres éfilocheurs.

Observations sur la manufacture de Vougeot en Bourgogne (45).

186. Nous n'avons pu dire qu'un mot (§. 127) de l'établissement fait en Bourgogne, n'ayant point reçu pour lors les instructions suffisantes. Depuis lors, M. Desventes père, imprimeur-libraire à Dijon, propriétaire de cette manufacture, qu'il a établie à grands frais, et qui, en se faisant aider des plus habiles gens, y a su mettre toute la perfection possible, nous en a communiqué les plans. Voici quelques particularités remarquables, qui nous ont paru très-dignes d'être observées et imitées en pareille occasion.

187. Pour faire avec la plus petite quantité d'eau, le plus grand effet possible, on a construit une roue de onze pieds de diamètre, dont les rayons et la circonférence sont de fer, ayant deux pouces de large seulement. Sur cette circonférence sont fixées vingt-sept aubes de tôle, creusées en cueillerons de dix pouces de hauteur sur quinze de largeur ; ces aubes tournent dans un coursier qui ne laisse aucun vide, qui est disposé circulairement comme la roue, et qui embrasse les aubes non-seulement par les côtés, mais même par-dessus, ne laissant que les deux pouces qui sont nécessaires pour les rayons de la roue.

188. Ces aubes ou plutôt ces godets ainsi noyés dans leur coursier, et embrassés de tous côtés, ne laissent rien échapper de l'eau destinée à les mouvoir, qui ne soit employée à les conduire, et cela sur une longueur de plus de six à sept pieds, parce que le coursier embrasse la roue sur une étendue de soixante degrés environ, ou de la sixième partie de la circonférence.

189. Le cylindre, comme nous l'avons dit, §. 127, a été coulé d'un seul jet dans un moule. Les lames tranchantes, les lames circulaires, les tourtes ou abouts, sont une seule pièce de métal, qu'on a ensuite enarbré et mis sur le tour pour égaler les lames, et donner à toute la circonférence une parfaite égalité. Il a vingt-deux lames, deux pieds de diamètre, et trente pouces de longueur.

190. Le cylindre a un arbre fort court, ce qui le rend très-léger ; car au lieu de tourner dans la partie P de la cuve (*pl. III*), il tourne dans la partie Q, qui est la plus voisine du rouet ; et son pivot V se trouve placé sur la séparation N de la cuve.

191. Pour cet effet, on a donné à la cuve un peu plus de largeur, et dans le milieu on a placé un massif de pierre qui a six pieds de long sur neuf pouces de large. Dans ce massif est logée une pièce de bois de trois pieds de long, qui porte le palier dans lequel tourne le pivot du cylindre.

192. On a ménagé dans cette construction, l'avantage d'élever le cylindre parallèlement à la platine ; car le rouet n'ayant que deux cylindres à mou-

(45) Ces observations sont imprimées à la fin de l'Art, dans la collection de l'Académie. J'ai cru devoir les placer ici.

voir, les prend par le côté, comme nous l'avons déjà proposé §. 132, et n'empêche point que le pivot I ne puisse s'élever de quelques pouces. A l'égard du pivot V, que nous avons dit être placé sur la pierre de séparation N, la pièce de bois qui le supporte, peut s'élever par le moyen d'une vis à tête carrée, dans laquelle on passe une clef pour la tourner suivant qu'il est plus ou moins nécessaire d'éloigner le cylindre de la platine. Ce cylindre fait environ cent cinquante tours par minute ; car la grande roue qui fait treize tours par minute, porte sur son axe un hérisson de cinquante-neuf aluchons qui conduit les cylindres par des lanternes de sept fuseaux.

193. Parmi les remarques utiles que M. Desventes a faites sur les différentes parties de son établissement, il a cru pouvoir rendre raison de la juste préférence que l'on donne dans toute la France aux chiffons de Bourgogne.

194. La Bourgogne est presque couverte de vignes et de bois, qui en sont souvent très-voisins. La même nature de terrein qui produit l'excellente qualité des vins de Bourgogne, produit aussi des bois dont les cendres sont très-estimées pour les lessives ; l'expérience semble l'avoir appris aux Bourguignons eux-mêmes qui vont acheter des cendres, par préférence, dans certains cantons de leur province où les bois sont réputés produire des cendres d'une meilleure qualité, en même tems que les vignes y sont plus abondantes (46).

195. M. Desventes observe qu'en effet ce n'est point dans la Bourgogne que croissent les chanvres et les lins dont on fait la belle toile : on n'y recueille presque que du chanvre grossier, à l'usage de la marine, des cordiers, et des habitans de la campagne. La Hollande, l'Allemagne, la Suisse et différentes provinces de France fournissent à la Bourgogne toutes les belles toiles qu'on y consomme, et la matière du beau chiffon qu'on y achète ; il est donc naturel de penser que, si le sol de la province influe dans la bonté du chiffon qui s'y recueille, ce n'est point à raison de la matière première, mais seulement à cause des changemens qu'elle y éprouve dans l'usage.

196. On ne sera pas étonné que la différence soit très-considérable, si l'on compare le chiffon de Paris avec celui de Bourgogne : on sait que les blanchisseurs à Paris n'épargnent pas la chaux, la soude, la potasse ; matières

---

(46) Cette seule circonstance bien saisie, aurait dû faire comprendre que ce n'est pas le terrein qui influe sur la qualité des cendres. On achète les meilleures cendres dans les cantons où il y a le plus de vignes. Or, tous les chimistes connaissent la qualité supérieure des cendres de sarmens. Elles renferment un sel alcali beaucoup plus ac-, tif, plus propre à différens usages dans les Arts et les Métiers. On sait encore, que lorsqu'on taille la vigne, on en retranche une grande quantité de bois, qui suffit quelquefois à l'affocage des propriétaires, ou qui fait du moins une portion très-considérable de leur consommation.

corrosives qui leur abrégent le travail , mais détruisent la substance du linge , et qui suppléent au peu d'activité des cendres de Paris. En effet, le bois flotté qui se consume dans la plus grande partie de Paris, ayant séjourné long-tems dans l'eau et y étant détrempé, perd avec son écorce les matières salines qui forment l'efficacité des cendres lixivielles.

197. M. Desventes assure que, sur un volume égal de cendres, il a trouvé celles des boulangers qui emploient des bois sans écorce , plus légères d'un septième que celles d'un foyer où l'on brûlait du bois neuf (47). Il a été témoin d'une expérience faite à Paris il y a quelques années, pour l'établissement d'une manufacture de savon, qui prouve bien la mauvaise qualité des cendres de Paris. On avait fait choisir à Fontainebleau des cendres de bois neuf brûlé en maison bourgeoise; on prit pareille quantité de cendres choisies à Paris ; on lessiva toutes deux à froid et à chaud avec les mêmes eaux ; les lessives étant évaporées, on trouva considérablement plus de sel alkali dans celles de Fontainebleau.

198. M. Desventes a trouvé la même différence dans le produit entre le chiffon de Bourgogne et celui qui venait de Paris. Ayant pris cinq cents livres de chacun, on les a mis en même tems au pourrissoir; on les a traités de la même façon ; on les a fait battre dans deux piles voisines et égales , avec la même eau ; pendant le même tems, on les a fait travailler tout de suite par le même ouvrier de cuve, avec les mêmes formes; enfin on a pesé le papier, et l'on a trouvé que les chiffons de Bourgogne avaient rendu près d'un sixième de papier de plus que ceux de Paris.

199. M. Desventes croit enfin que le papier de Hollande doit sa fragilité à la même cause. Les Hollandais n'ayant pas dans leur territoire des forêts abondantes, ne peuvent avoir d'aussi bonnes cendres que les nôtres, et ont recours, comme à Paris, aux sels alkalins que l'on tire de différens pays. D'ailleurs ils achètent en France une grande quantité de papiers, qu'ils font peut-être rebattre chez eux pour leur donner plus de finesse, plus d'épaisseur ; et c'est encore, suivant M. Desventes, ce qui les rend si faciles à déchirer.

De la matière affinée.

200. Lorsque par le travail du moulin , soit à pilon , soit à cylindres, on a réduit les chiffons en une pâte liquide , et qu'on la juge suffisamment affinée, elle passe dans des caisses de dépôt, en attendant qu'on veuille en faire usage. Pour n'avoir pas la peine de l'y transporter à bras, on a disposé à

(47) Cette observation paraît encore assez peu fondée. Il faudrait en conclure que l'écorce seule donne les cendres les plus actives. Mais il faut convenir que le bois flotté est fort mauvais.

Montargis les caisses de dépôt tout autour des cuves à cylindre; de chacune de ces cuves on fait couler la pâte le long d'un tuyau de plomb qui rampe sous terre jusques dans la caisse qui répond à cette cuve. Pour donner issue à la pâte, les cuves ont une porte P (*pl. IV, fig.* 3) en forme de trape, qui s'élève entre deux coulisses pour laisser couler la pâte dans le tuyau Q destiné à la conduire aux caisses de dépôt. On a vu (§. 114) que dans les moulins à pilons on n'a point cette facilité, et qu'on est obligé de transporter les matières à bras avec des bassines de cuivre (48).

201. Les caisses de dépôt sont des augés de pierre, qui quelquefois sont noyées dans l'épaisseur d'un mur, et recouvertes d'une voûte de pierres de taille ou de briques, pour qu'aucune ordure ne puisse y pénétrer. A Montargis, les caisses de dépôt sont de marbre, couvertes en bois et enfoncées dans la terre. On croit que la pierre dure serait préférable au marbre ; la pâte serait moins sujette à s'y attacher et à jaunir.

202. Il y a, sous chaque caisse de dépôt quelques fenêtres garnies de verjure, pour faire égoutter la pâte dans une voie d'eau qui règne sous les caisses. C'est une espèce d'aqueduc de maçonnerie, dans lequel peut passer un homme pour aller de tems à autre visiter les caisses de dépôt. Cet aqueduc est à deux pieds au-dessous de chaque caisse, et va s'ouvrir dans les décharges de la roue du mouvement. Comme on ne fait point usage à Montargis des moussoirs (§. 169), ni des maillets affleurans, on ne veut point que la pâte puisse se dessécher dans les caisses de dépôt, lorsqu'elle a été affinée ; et l'on en ferme pour lors les issues, afin d'empêcher l'écoulement de l'eau.

203. Un moulin bien administré est ordinairement chargé de *cobre* (49), c'est-à-dire, de pâte qui a été seulement éfilochée, et que l'on garde pendant l'hiver dans les caisses de dépôt (50). La gelée lui donne un certain degré de perfection; on prétend même que les Hollandais étendent leur pâte éfilochée sur de grands draps, et l'exposent nuit et jour à la gelée. On croit aussi que l'humidité de cette pâte éfilochée que l'on conserve dans les caisses de dépôt, occasionne une espèce de fermentation qui achève de l'attendrir, et atténue encore les nœuds ou les pâtons qui auraient pu échapper à la recherche des cylindres ou des pilons.

204. D'ailleurs on met à profit, par cette précaution, les fortes eaux de l'hiver et du printems; on éfiloche et l'on prépare alors autant de matière

---

(48) J'ai lieu de croire que la meilleure méthode est celle des papetiers qui joignent l'usage des pilons à celui du cylindre. Les premiers servent à éfilocher, et le second à affiner. Dans une grande papeterie près de Berlin, on a adopté avec succès cette pratique. La pâte y coule aussi dans les caisses de dépôt, au moyen d'un tuyau qui passe des cuves dans ces caisses.

(49) En allemand, *Halbzeug.*

(50) En allemand, *Halbzeug-kasten.*

qu'il est possible; et lorsque la sécheresse est arrivée, on ne fait plus qu'ouvrer, ou tout au plus affiner, ce qui exige beaucoup moins d'eau. On est ainsi en état de soutenir l'ouvrage nécessaire pour occuper toute l'année les ouvriers de cuve, et empêcher le chaumage ruineux que beaucoup de fabricans supportent par le défaut de précaution.

205. Dès que les chaleurs approchent, il faut avoir soin d'employer cette pâte; car non-seulement elle jaunit, mais les vers s'y engendrent, et la putréfaction s'y établit.

206. Si la pâte a séjourné dans les caisses de dépôt, elle y est égouttée, desséchée et durcie; alors, pour pouvoir en faire usage, il faut la délayer, ce qu'on appelle aussi quelquefois *affleurer*. Il y en a qui se contentent de la brasser ou de la remuer à force de bras: cette opération est longue, et n'est point assez parfaite, au lieu qu'on la fait à merveille et en moins d'une heure par le moyen des *maillets affleurans*, ou du cylindre émoussant (§. 167).

207. En Auvergne, on retire la pâte de la caisse de dépôt avec une bassine de cuivre, pour la porter dans la pile de l'ouvrier, ou pile à affleurer, qui est ordinairement la sixième pile du moulin. Les trois maillets qui agissent dans cette pile, ne sont ni serrés, ni cloués, mais formés à tête plate, pour délayer seulement la matière, dans le tems où l'on veut l'employer.

208. En Hollande, on pratique la même chose au moyen des cylindres affleurans, qui sont une espèce de moussoir dont il a été parlé §. 167. On y fait couler de l'eau très-nette, que l'on n'a pas besoin de renouveler, et avec laquelle on détrempe la pâte, de manière à la réduire sous la forme d'un petit-lait.

209. La pile de l'ouvrier n'affleure que pendant le tems où la cuve à ouvrer travaille, et on la charge aussi souvent que l'on fait une porse à la cuve; c'est-à-dire, qu'on ne met dans cette pile que la quantité de pâte nécessaire à une porse de papier (51).

210. La matière ainsi affinée et affleurée, est en état de former le papier, mais avant que de passer à la cuve de l'ouvrier, nous devons parler des choses qu'on y emploie, telles que les formes et les feutres.

Des formes ou des moules.

210. La forme ou moule du papier est un châssis garni de fils de laiton très-serrés, avec lequel on puise dans la cuve une portion de cette pâte presque liquide, qui, en desséchant, donne une feuille de papier.

222. La forme est composée de quatre tringles de bois formant le châssis,

(51) C'est la quantité de feuilles de papier que l'on met en presse à la fois (§. 246).

le cadre, ou *l'affût*, assemblées à angles droits on en équerre (52). Ce châssis est garni, sur la longueur, de quantité de fils de laiton fort minces et fort serrés qu'on nomme la *verjure ;* cette verjure est traversée et comme soutenue par d'autres fils qui forment les *pontuseaux*, sous lesquels sont de petits bâtons de sapin nommés les *fûts*, qui sont perpendiculaires aux fils de la verjure. On en voit un en KK (*pl. VII, fig.* 1). Pour ce qui est des dimensions, nous ne pouvons en parler qu'en prenant pour exemple une sorte de papier en particulier, puisqu'il y a autant de formes différentes qu'il y a d'espèces de papier. Choisissons donc le *papier à la cloche*, ainsi nommé à cause de la marque qui lui est affectée, et qui, en vertu des réglemens, doit décider de sa grandeur et de son poids ; il a quatorze pouces six lignes de large, sur dix pouces neuf lignes de hauteur. Le châssis ou la forme du papier à la cloche, est composé de deux tringles de bois, de quinze pouces dix lignes de long, et de deux autres qui n'ont que onze pouces neuf lignes. Ces tringles ont huit ou neuf lignes de largeur et environ quatre lignes d'épaisseur : ce sont ces quatre tringles qui composent l'affût.

215. Sur les deux règles les plus courtes sont fixés des fils de laiton, minces, et parfaitement dressés (53), auxquels on a donné un peu de recuit pour les rendre plus doux, qui sont d'égale épaisseur, et bien tendus ; ces fils forment la *verjure*, et on les voit dans la *figure*, de droite à gauche. Les deux règles plus longues, telles que AA (*fig.* 2), sont traversées par seize fûts DD, EE, distans les uns des autres d'environ onze lignes : ce sont des bâtons de sapin de 3 lignes de largeur sur 5 et demie d'épaisseur de haut en bas. Comme ils sont placés sous les fils que nous avons nommés *pontuseaux*, on leur donne quelquefois aussi

---

(52) Le châssis est fait de bois de chêne qu'on a laissé tremper long-tems dans l'eau, après avoir été débité et séché à plusieurs reprises, pour lui faire perdre entièrement sa sève, et empêcher qu'il ne se déjette. La grandeur de ce châssis, prise en dedans, est d'environ deux lignes plus grande sur toutes les faces que la grandeur du papier à la fabrication duquel on le destine.

(53) On lit dans l'Encyclopédie la manière de dresser les fils de laiton. Le *dressoir* est un morceau de bois long de cinq à six pouces et large de deux ou trois. Le dessous qui s'applique sur la table, doit être imperceptiblement convexe plutôt que concave, afin que le fil pressé entre cet instrument et l'établi, soit fortement imprimé.

L'ouvrier, tenant les fils de laiton de la main gauche, la conduit le long de ce fil, en l'éloignant de la droite. Celle-ci promène en long le dressoir sur le fil et sert au dressoir comme de rouleau. De cette manière le fil reçoit un mouvement de rotation, qui tord et détord alternativement, et auquel la main gauche doit céder insensiblement ; en sorte que le dresseur sent tourner le fil entre ses doigts, à mesure qu'ils s'éloignent de l'établi, au plan duquel le fil doit être tenu parallèle. On connaît que le fil est parfaitement redressé, lorsqu'étant posé librement sur un plan qui déborde d'un pouce, si l'on fait tourner cette partie entre les doigts, le reste du fil qui pose sur la table, tourne sur lui-même sans déplacer.

le nom de *pontuseaux*. Leur partie inférieure est arrondie ou comme cylindrique ; leur partie supérieure, qui porte la verjure, finit en forme de tranchant, comme on en peut juger par leur figure KK, II (*fig.* 1 et 3). Leurs deux extrémités sont arrondies en forme de tourrillons, et entrent de force dans les longues tringles de l'affût, qui les assemblent. Le tranchant ou le sommet de l'angle qui termine l'épaisseur des pontuseaux, affleure de niveau le haut du châssis, c'est-à-dire, la surface supérieure sur laquelle est la verjure.

214. LES pontuseaux qui sont aux deux extrémités de la forme, laissent un intervalle plus grand vers chaque extrémité de la forme, à droite et à gauche, que l'intervalle des autres pontuseaux ; dans cet intervalle de chaque pontuseau et de la tringle qui termine le châssis, on passe un fil de laiton comme M et N (*fig.* 3), plus gros que celui de la verjure, et qu'on nomme le *transfil*. Il sert lui-même de pontuseau, et les *enverjures* y sont *parfilées*, c'est-à-dire, cousues avec un autre fil de laiton beaucoup plus délié, qu'on nomme le *manicordium*.

215. PRÈS de la tête de chaque pontuseau, en prenant pour la tête le bout par lequel on commence à faire la verjure, il y a sur la largeur de la tringle des chevilles de bois, plantées dans son épaisseur en A , A , et qui sont représentées séparément en II (*fig.* 4). De chaque cheville pendent des fils de laiton très-déliés, enveloppés par chaque bout sur de petits cylindres de bois G , G (*fig.* 4), de même qu'on met le fil d'argent autour des fuseaux ou des bobines des passementiers. Ainsi chaque fil de laiton a deux bobines, dont l'une pend au-dessous, ou , si l'on veut, en dedans de la verjure , et l'autre en dessus et en dehors , qui sont aussi du *manicordium* , et servent à parfiler la verjure sur les pontuseaux (54).

(54) La fabrication de la forme me paraît mieux expliquée dans l'Encyclopédie. Je vais mettre le lecteur à même d'en juger.

Les longs côtés, un peu convexes dans leur milieu , sont percés d'autant de trous qu'il y a de pontuseaux dans la forme, et deux de plus. Pour tisser la forme , le formaire prend un nombre de petites bobines chargées d'une quantité convenable de fils de laiton recuit, et ayant tordu ensemble les extrémités de ces fils, il fait entrer cette partie dans un des trous à l'extrémité des pontuseaux, où il arrête ce commencement de chaînette avec une cheville de bois. Il en fait autant à l'extrémité de chaque pontuseau. Ainsi il faut quarante bobines pour les chaînettes qui règnent le long des vingt pontuseaux. Il en faut encore deux autres pour chaque transfil. Le formaire place le châssis dans une situation inclinée , et il le retient dans cet état par le moyen de deux vis, fourchettes, ou mains de fer. Les choses en cet état, les transfils tendus , les fuseaux attachés le long du côté inférieur de la forme, et les fils de ces fuseaux écartés l'un de l'autre en forme d'V consonne, le formaire prend un des fils de la dressée , et le couche de toute sa longueur dans ses V que forment les fils des fuseaux. Ensuite, commençant par une des extrémités, il fait faire au premier fuseau un tour par-dessous le transfil, en sorte que le fil de trame demeure lié au transfil. Il prend ensuite de chaque main un des deux premiers fuseaux,

216. Quand le *formaire* (55) couche une *enverjure* sur la longueur du châssis, il l'arrête aussitôt entre les deux brins de *manicordium*, en passant un fuseau de dehors en dedans et l'autre de dedans en dehors ; et ainsi pour chaque fil de la verjure, de même que les vanniers arrêtent les verges de leurs claies d'osier jusqu'à ce que le châssis soit plein. Il y entre environ 300 fils, plus ou moins, sur la hauteur DD ; le transfil M ou N, ne s'attache à la verjure que par un autre fil de laiton très-fin, qu'on tourne simplement autour du transfil.

217. Les bouts de chaque fil de verjure se perdent sur l'épaisseur du châssis, où ils sont recouverts d'une petite lame de cuivre, attachée au châssis par de petits clous de laiton, au niveau des pontuseaux et du transfil. C'est ce qui est représenté séparément en L (*fig.* 5). (56)

218. Les fûts ou pontuseaux de bois K K , I I (*fig.* 1 et 3) sont aussi percés de plusieurs petits trous de droite à gauche, et de trois en trois lignes, dans lesquels on passe un autre fil de laiton très-fin, qui, repassant sur la verjure, sert à la tenir bien assujétie et bien fixe sur tous les pontuseaux.

219. Pour rendre l'assemblage de la forme plus invariable et plus solide, on le garnit en dessous de petites équerres de cuivre P P (*fig.* 5), ou bien on fait la lame de cuivre qui couvre en L tous les bouts des enverjures, assez large pour être recoudée en équerre vers P, et clouée sur le retour des côtés du châssis.

220. On comprend assez que la grosseur des fils de la verjure, aussi bien que leurs distances mutuelles, varie suivant la qualité du papier que l'on fabrique ; car, pour retenir et pour égoutter une pâte plus forte et plus épaisse, il faut des fils plus gros et des intervalles plus larges ; mais en général il y a autant de vide que de plein.

221. La partie de la forme que l'ouvrier tient de la main droite, s'appelle

et tord l'un sur l'autre par un demi tour les fils dont les fuseaux sont chargés. Il forme ainsi un nouvel V destiné à recevoir un nouveau fil de trame. Il continue la même opération le long du fil de trame vis-à-vis de la vive arête de chaque pontuseau, et finit par faire un transfil qui est à l'autre extrémité, la même opération qu'il a faite au premier. Alors il prend un nouveau fil de dr ssée, et l'étend dans les nouveaux V que forment les fils de fuseaux, et continue jusqu'à ce que la toile soit entièrement formée. Pour achever la forme, il ne reste plus qu'à tendre fortement les chaînettes le long des vives arêtes des pontuseaux, à fixer leurs extrémités par de petites chevilles de bois, et à coudre les tamis sur les pontuseaux par un fil de laiton très-délié, qui, passant sur les chaînettes, repasse dans le trou dont chaque pontuseau est percé.

(55) Ouvrier qui fait les formes.

(56) Cette petite lame de cuivre se nomme en allemand, *der Sturz*. On remarque aussi dans les formes allemandes une traverse, pareille aux pontuseaux, qui peut avoir de 4 à 6 pouces de long. On la nomme *Queersteg*.

les mains : le côté opposé s'appelle *les pieds* ; la *mauvaise rive* est le côté qui est contre l'estomac de l'ouvrier ; le bord opposé s'appelle la *bonne rive*, parce que le papier est un peu plus fort de ce côté-là. C'est par la bonne rive qu'on pince le papier, quand on enlève les feuillets (57).

222. Sur cette forme ainsi préparée on applique un autre châssis de même grandeur, formé simplement de quatre tringles, tel qu'on le voit en HH (*fig.* 6); c'est ce qu'on nomme la *couverture* des formes, en Auvergne la *couverte*. Elle fait un rebord ou élévation qui règne tout à l'entour, pour retenir la pâte presque liquide qu'on puise avec les formes, et qui coulerait très-vîte par les bords, si rien ne s'y opposait dans les derniers instans. Cette couverture s'engage par une feuillure sur l'affût de la forme, en sorte qu'elle ne vacille point, mais qu'elle puisse aisément s'enlever.

223. Une seule couverture suffit pour les deux formes qu'on emploie dans le travail du papier ; car, comme on le verra §. 248, l'une des deux formes est toujours découverte au moment où l'autre se plonge dans la cuve avec sa *couverture*.

224. Les formes et les couvertes se font dans toutes les provinces où il y a des papeteries. En Auvergne, c'est le métier propre d'un grand nombre de gens qu'on appelle *formaires ;* il y en a sur-tout beaucoup à Aubert, petite ville située dans la plaine de Livradour, qui est au milieu des montagnes.

225. Les formes hollandaises ont des couvertes plus épaisses que les nôtres, comme on le dira §. 254.

226. La *couverte* ou le châssis qui recouvre une forme, doit avoir une rainure en dessous pour que le bordage joigne mieux à la forme. Le dessus de la couverte doit être bien arrondi. Par ce moyen on facilite l'écoulement de l'eau qui se sépare de la matière pendant la formation d'une feuille.

227. Il faudrait aussi que la couverte, et le châssis même de la forme, fussent vernissés; l'eau s'écoulerait par-dessus plus aisément, et l'on éviterait peut-être mieux les gouttes d'eau qui, tombant sur le papier, y font autant de taches ineffaçables.

228. L'impression de la verjure, et sur-tout celle des pontuseaux, s'aperçoivent toujours sur le papier lorsqu'on regarde au travers. La verjure y paraît comme une multitude de lignes blanches qui se tournent pour ainsi dire, et qui sont dans toute la longueur du papier. Les pontuseaux se font remarquer de distance en distance, sur la largeur du papier, en forme de

---

lignes plus blanches et plus opaques (58). Cela vient de ce que la pâte ou la matière du papier ne peut jamais demeurer aussi épaisse sur les endroits solides et relevés, tels que les pontuseaux et les fils de laiton, que dans les intervalles vides et creux, où elle coule naturellement. C'est pour cela qu'elle s'amasse en plus grande abondance aux deux côtés des fils (§. 254).

229. C'est par la même raison, qu'on aperçoit toujours fort aisément la marque du papier, et le nom du maître, qui doit toujours s'y trouver, parce que cette marque et ce nom y sont brodés par l'entrelacement d'un petit fil de laiton, autour de la verjure (59).

Des feutres.

230. Les *feutres* (60) qu'on appelle aussi *flautres*, *floutres*, *recêches*, ou *langes*, sont les pièces de drap qui s'étendent sur chaque feuille de papier. Le drap est fait exprès pour cet usage, d'une laine blanche assez douce et longue. Les feutres doivent être sans pièces et sans coutures, autant qu'il est possible. Ceux de la manufacture de Montargis se fabriquent à Beauvais; ceux dont on se sert en Auvergne sont de laine du pays, et se fabriquent autour de Saint-Léonard en Limousin. Les feutres sont bien refoulés, pour qu'ils ne fassent point d'impression sur le papier, comme ferait une étoffe croisée.

231. Ils doivent être fabriqués avec de la laine de toison la plus fine et la plus longue; la chaîne doit être filée plus grosse et moins tordue que la trame, afin que la trame s'incorpore mieux dans la chaîne; on n'en doit tirer le poil avec le chardon que d'un côté. Le feutre fabriqué avec ces précautions, formera une corde imperceptible, ne donnera point de rugosités au papier, et en boira plus aisément l'humidité superflue. Cependant, dans la pratique ordinaire, on ne fait pas grande attention à la qualité des *feutres*; les uns prennent du gros drap, d'autres une espèce de pluche, celle sur-tout dont les gainiers doublent leurs ouvrages. Il y en a aussi qui les font tondre, pour qu'il n'y ait pas de grands poils.

(58) Il semble que ces lignes sont plus transparentes; ce qu'il est aisé de vérifier en présentant contre le jour une feuille de papier.

(59) Pour faire cette marque sur la forme, on prend du fil de laiton de la grosseur de celui des dressées; on le ploie de manière qu'il suive exactement les contours du dessin ou des caractères que l'on veut représenter. On soude ensemble avec de la soudure d'argent et au chalumeau, les parties de ces contours qui se touchent, ou on en fait la ligature avec un fil plus fin. On applique ensuite ces filigrammes sur la forme, en sorte que les empreintes se trouvent sur le milieu de chaque demi-feuille de papier, où elles paraissent en regardant le jour à travers. On attache toutes ces marques sur la toile de la forme, avec du crin de cheval, ou du fil de laiton très-délié.

(60) En allemand, *Filze*.

232. Pour attendrir ces feutres, ou leur donner plus de souplesse, on les lave lorsqu'ils sont neufs, avant que de les mettre en usage; on les coud aussi tout autour, pour empêcher qu'ils ne s'éfilent.

233. Les feutres doivent être entretenus dans une certaine propreté, et ne peuvent guère servir qu'une semaine sans être nettoyés. Ainsi, quand ils ont été employés pendant six jours, on les fait tremper quatre ou cinq heures dans une cuve de bois, où l'on a mis de la savonnade chaude, c'est-à-dire, du savon fondu dans l'eau à raison de quatre onces pour chaque porse (61) de feutres; quelques-uns y mettent aussi une pinte d'huile de poisson sur deux livres de savon. On fait écouler ensuite cette savonnade, et l'on jette sur les feutres une nouvelle eau pure et bien chaude, puis on les bat deux à deux avec des battoirs sur un banc de chêne, qui se nomme en Auvergne le *batadoir*; il a sept pieds de long, deux de large, et quatre pouces d'épaisseur. Quand on a trempé deux fois les feutres dans cette seconde eau chaude, et qu'on les a battus à deux reprises différentes, on les porte dans une seconde cuve, où l'on tient aussi de l'eau pure et chaude; là on les rince en les tenant à deux mains, et par les deux bouts, un à un. En les tirant de cette seconde eau pure, on les tord, et on les porte près du ruisseau sur une planche; où les passe à deux mains, et un à un, par les deux bouts dans l'eau courante; et les mettant en piles sur des planches, on les porte sous la presse, pour en faire dégorger l'eau, après quoi on les met dans les étendoirs jusqu'à ce que la plus grossière humidité soit passée. Il n'est pas nécessaire qu'ils soient tout-à-fait secs pour servir à coucher les feuilles de papier; mais il est essentiel qu'ils soient bien dégraissés. Voyez, au sujet de cette graisse, ce que nous avons dit ci-dessus.

234. Lorsque les ouvriers de cuve sont chargés de laver les feutres, on diminue cinq porses de leur tâche le jour où ils lavent; mais communément on aime mieux donner cet ouvrage à des laveuses.

235. Les feutres servent ordinairement dix-huit mois. Lorsqu'ils montrent la corde, on les met au rebut. On ne veut pas cependant qu'il y ait trop de poil; car les uns les font tondre avant de s'en servir, d'autres n'emploient les feutres neufs que pour faire du papier brute, et après qu'ils ont été lavés deux ou trois fois, les font servir au papier fin. Quand les feutres sont neufs, on observe de tenir la cuve moins chaude qu'à l'ordinaire, en sorte qu'elle soit seulement un peu plus que tiède.

236. On prétend qu'il y aurait de l'économie à faire teindre ces langes

---

(61) On se souviendra qu'une porse est la quantité de feutres que l'on met en presse d'une fois.

en petite teinture (62), et qu'il n'y aurait rien à perdre du côté de leur usage, mais je ne les ai jamais vus qu'en laine blanche.

237. Nous avons dit qu'il fallait conserver dans les feutres un côté moins velu que l'autre ; c'est sur le côté le moins velu que se couche la feuille ; elle est trop tendre et trop facile à percer dans le moment qu'on la couche, et le frottement des poils de la laine pourrait la froisser ; au lieu que le feutre qu'on étend ensuite sur cette feuille, ne frotte pas avec la même force.

Cuve de l'ouvrier.

238. Le nom d'*ouvrier* (*) semble avoir été donné par préférence au *plongeur*, qui forme immédiatement la feuille de papier, comme étant chargé de la principale opération de l'Art. C'est celle que nous allons décrire.

239. Quand la pâte a reçu sa dernière façon, soit dans la pile de l'ouvrier, soit sous les cylindres affineurs ou sous les cylindres affleurans, elle n'est plus que comme de la bouillie, sans aucune consistance. Un des ouvriers, qu'on nomme *leveur*, et dont nous parlerons plus amplement §. 253, la tire de cette pile avec une petite bassine de cuivre, et en remplit une auge de pierre qui est à portée de la cuve où travaille l'ouvrier (63). C'est ainsi que cela se pratique en certains endroits. En Auvergne, on se sert d'une petite gerle de bois d'environ vingt-cinq pouces de long sur dix-huit de profondeur, qui se mène sur une brouette ; avec cette brouette qu'on appelle ailleurs *l'ambalard*, le leveur transporte directement la pâte dans la cuve où se puise le papier ; là, aidé de l'ouvrier, il décharge sa gerle dans cette cuve, ou bien se sert d'une *bachole* ou casserole de cuivre pour l'y verser. L'ouvrier ajoute la quantité d'eau qu'il juge nécessaire, suivant la force du papier qu'il est question de faire ; car le papier qui doit être fort et grand, demande une pâte plus épaisse, et une moindre quantité d'eau ; un papier mince et léger, comme papier serpente, papier fleuret, cornet de Bretagne, suppose une pâte qui ait été moins pourrie, et l'on y met beaucoup plus d'eau. On remue cette pâte avec une fourche de bois, pour la bien mêler et délayer avec l'eau. Dans cet état, la pâte ne paraît plus que comme du petit lait, ou de l'eau un peu trouble. Les ouvriers connaissent à la couleur de cette eau combien devra peser le papier qui en résultera.

240. Le travail de l'ouvrier est représenté dans la *planche VIII*. On y

(62) Les feutres peuvent être teints ; mais il faut leur donner la couleur la plus solide : autrement elle tacherait le papier.

(*) On dit quelquefois *ouvreur* ; mais il semble que c'est par corruption. En Alle-magne, cet ouvrier porte le nom de *Büttgeselle*.

(63) Cette auge s'appelle en allemand *die Traufe*.

vôit la cuve **O**, qui est ordinairement de bois de sapin , cerclée de fer ; sa
partie supérieure est environnée d'une espèce de table **N**,   appelée le *tour de
cuve* (64), dans laquelle est une large échancrure, où se place l'ouvrier monté
sur un gradin, de manière à être placé commodément tout près de la cuve,
et pouvoir aisément plonger ou retirer ses formes. Il est jusques à la ceinture
dans une espèce de niche qu'on appelle quelquefois la *nageoire* (65). Près
de la nageoire est un morceau de bois appelé *rossignol* , sur lequel appuie
une *planchette* qui traverse la cuve.

241. Pour entretenir une chaleur douce dans la cuve de l'ouvrier, on se
sert d'une pièce nommée le *pistolet* (66) , marquée **P** (*fig.* 2). C'est un tuyau
de cuivre, qui s'insinue dans l'intérieur de la cuve par une ouverture **B**, à laquelle on a soin de luter exactement le pistolet, afin que la matière n'ait pas
d'écoulement : il est partagé en deux par une grille horisontale , sur laquelle
on met des charbons allumés. Le pistolet est quelquefois cylindrique, quelquefois il a la forme d'une vessie ; on voit dans la *figure* 2 en **P** et en **B** , la
forme de l'un et de l'autre. En Angoumois , on échauffe un peu différemment la cuve de l'ouvrier. Cette cuve est placée derrière un four assez semblable à ceux où l'on cuit du pain ; la gueule de ce four est établie au fond
d'une cheminée qui est de l'autre côté de la muraille : au fond de ce four
est ajusté cette espèce de tuyau aveugle de cuivre, de la forme d'une vessie ,
comme on le voit en **B**. La chaleur du four échauffe l'air contenu dans ce
pistolet; et le cuivre qui y participe , communique sa chaleur à l'eau de la
cuve , sans le secours des charbons, dont on se sert en Auvergne.

242. Lorsqu'on échauffe le pistolet avec des charbons , comme nous l'a-
vons dit ci-dessus, il faut que la cuve soit tournée de manière que le pistolet
s'ouvrant près d'une cheminée, la fumée puisse en enfiler le tuyau , afin que
sa vapeur n'altère pas le papier. Le pistolet a communément vingt pouces
de longueur, dix pouces d'ouverture à son entrée , et quatorze pouces de
largeur dans le fond; il est entouré d'un linge qu'on appelle le *fourreau* du
pistolet , afin que la crasse du cuivre ne puisse point tacher la pâte du papier.

243. On entretient ainsi la cuve dans une chaleur à y pouvoir tenir la
main pendant tout le tems qu'on y travaille ; il me semble que c'est afin que
l'eau ait plus de disposition à s'évaporer, et à quitter les particules solides ,
qui doivent s'unir et se dessécher presque en un moment. On a fait quelque-

---

(64) Le tour de la cuve est un peu incliné vers la cuve, pour y rejeter l'eau,
et il est bordé par des tringles de bois de
deux pouces de haut, qui empêchent la
pâte de se répandre dehors.

(65) La nageoire a environ vingt pouces

de large; les côtés ont six pouces : les planches qui la forment descendent jusqu'au
rez-de-chaussée; leur sommet se trouve un
peu plus haut que la ceinture de l'ouvrier.

(66) En allemand, *die Pfanne.*

fois du papier dans l'eau froide : mais il fallait plus de tems ; le papier était plus lâche, et ses parties moins adhérentes entre elles : aussi les ouvriers ne négligent point cette précaution, et ils se lèvent quelquefois pendant la nuit pour aller préparer leur pistolet, afin de trouver le matin leur cuve suffisamment échauffée. Si la matière est verte, mal pourrie et mal battue, il faut échauffer moins la cuve ; car la fécule se sécherait trop tôt, étant moins dissoute dans le fluide (67).

244. Il faut avoir soin de brasser la cuve plusieurs fois dans la journée, principalement autour du pistolet ; la pâte qui s'y dépose et s'y accumule pourrait nuire beaucoup à l'égalité du papier. Le bâton dont on se sert pour brasser et agiter cette pâte, est en forme de fourche, dont les deux branches sont jointes par une petite corde qui sert à ratisser le pistolet, pour en détacher la fécule qui s'y dépose. En voyant la pâte délayée dans la cuve de l'ouvrier, on croirait que les fibres ligneuses sont décomposées, écrasées, pourries ; néanmoins il leur reste encore une longueur, une consistance nécessaire pour s'entrelacer, et s'unir par le moyen de l'eau. Cette disposition à s'unir se perdrait par une plus longue trituration ; car, comme nous l'avons dit, l'eau qui, après avoir lavé les chiffons, s'écoule de la cuve, emporte avec elle une partie de leur substance ; on l'aperçoit clairement : mais cette partie trop divisée n'a jamais pu être employée ; on a beau la rassembler, la faire déposer, elle ne ressemble qu'à une bouillie qui ne prend point de liaison.

Manière dont se forment les feuilles.

245. L'ouvrier, que l'on appelle aussi *ouvreur* ou *plongeur*, et que l'on voit représenté en A (*Planche VII*) monté dans sa nageoire, et dans l'échancrure de cette espèce de table qui borde le contour de la cuve, tient une forme à deux mains par les deux extrémités, avec le cadre ou la couverture appliquée exactement dessus la forme, comme si c'était une seule pièce ; alors l'inclinant un peu vers lui, il la plonge dans la cuve. Quand l'ouvreur commence sa porse, il doit faire sa feuille en deux tems, c'est-à-dire, plonger d'abord la mauvaise rive, retirer la forme, et plonger ensuite la bonne rive ; mais après les vingt-cinq premières feuilles, il les fait en un seul tems, et ne plonge plus que la mauvaise rive de sa forme, environ de moitié. Aussitôt il relève horisontalement la forme chargée de cette pâte liquide, dont le superflu s'écoule à l'instant de tous côtés, et dont la quantité suffisante est retenue par le contour de la *couverture* et par son épaisseur. L'ouvrier étend cette pâte sur la forme, en

(67) En hiver, l'ouvrier ne pourrait pas travailler dans l'eau froide ; d'ailleurs la gelée gâterait tout le papier : mais il est fort incertain qu'il soit nécessaire d'échauffer l'eau dans les grandes chaleurs de l'été.

secouant doucement de droite à gauche et de gauche à droite , comme s'il voulait la tamiser , jusqu'à ce qu'elle se soit étendue également sur toute la surface de la forme : c'est ce qui se nomme *promener*. De même par un autre mouvement qui se fait en avançant et reculant horisontalement la forme d'avant en arrière et d'arrière en avant , comme pour tamiser , cette matière se serre , s'unit , se perfectionne ; c'est ce qu'ils appellent *serrer*. Ces deux mouvemens sont accompagnés d'une légère secousse qui sert à enverger la feuille, c'est-à-dire, à la fixer et à l'arrêter; mais ils se font très-vite en sept à huit coups de mains, et dans l'espace de quatre à cinq secondes. Aussitôt cette matière si fluide, qui ne paraissait que comme une eau trouble, se lie , ses petites parties s'accrochent , s'unissent mutuellement , et sans ces deux mouvemens elles retomberaient en partie dans la cuve, au travers de la verjure. Ainsi la feuille se précipite sur le grillage de laiton , tandis que l'eau passe au travers des intervalles ; et il reste sur la forme une vraie feuille de papier.

246. Le plongeur pose aussitôt sa forme sur le bord de cuve , et il en ôte la couverture, en même tems qu'il fait glisser la forme le long de la planchette jusqu'au trapan de cuve. Cette planchette, marquée 5 , n'a que deux doigts de large ; et le trapan de cuve (68) n'est autre chose qu'une planche de sapin marquée 6 , qui traverse la longueur de la cuve , et qui est percée de plusieurs trous pour laisser égoutter la forme dans la cuve.

247. Le plongeur, en ôtant la couverture de dessus cette première forme , la place tout de suite sur la seconde forme , qu'on lui donne pour la plonger à son tour.

248. Le *coucheur* (69) prend la forme sur le trapan de cuve avec la main gauche ; il la soulève doucement , en l'inclinant sur le coin du bon carron , afin de le renforcer (§. 251); ensuite il la redresse, la forme et l'appuie contre un ou deux petits bâtons marqués 7 et 8 , qui sont implantés sur le trapan dans la bordure de la cuve. La mauvaise rive porte sur le trapan , et la bonne rive appuie contre les chevilles de l'égouttoir ; la forme reste dans cet état l'espace de deux ou trois secondes de tems pour s'égoutter dans la cuve, pendant que le coucheur étend un feutre. Aussitôt le coucheur prend sa forme , et la couche ou renverse sur le feutre. On distingue deux manières de coucher. *Coucher à la suisse*, c'est renverser la forme et la poser à la fois toute entière, en sorte qu'au même moment elle porte et appuie par-tout : cette méthode expose le coucheur à faire beaucoup de papier cassé. *Coucher à la fran-*

---

(68) Cette planche se nomme aussi le *drapeau de la cuve*. Sans doute que c'est par corruption qu'on la nomme *trapan* dans quelques papeteries. Elle est un peu convexe sur le milieu de sa largeur ; elle a aussi une entaille pour recevoir l'extrémité de la planchette, qui est soutenue par un petit chevalet , dans l'entaille supérieure duquel elle entre de toute son épaisseur.

(69) En allemand, *der Kauscher.*

çaise, c'est appuyer la forme sur le feutre d'abord sur la bonne rive, ensuite par gradation et lentement sur les autres parties, pour détacher successivement toutes les portions de la feuille et les appliquer sur le feutre ; la feuille s'y attache en effet, à cause de son velu ; et abandonne la forme qui est un corps plus lisse. Le coucheur relève sa forme, en commençant par la bonne rive ; il la rend au plongeur aussi nette qu'avant qu'elle eût été plongée, et il trouve sur le trapan de cuve une seconde feuille à coucher qui a été formée pendant qu'il couchait la première ; et qu'il relève en passant, avant que d'étendre le feutre. Ainsi l'on voit, qu'au moyen de deux formes qui sont toujours en mouvement, il n'y a point de tems perdu ; pendant qu'une forme se plonge, l'autre se couche. Quand le plongeur passe une forme au coucheur, il en reçoit une autre qui est vide, sur laquelle il pose la couverture qu'il retire de dessus la première, et il plonge de nouveau.

249. Les opérations que nous venons de décrire sont si promptes, qu'il se forme sept à huit feuilles par minute dans les grandeurs moyennes de papier, telles que la couronne ; en sorte qu'un ouvrier peut faire huit rames dans sa journée. Il serait sûrement utile d'aller plus lentement : le papier en serait mieux fait. On verra dans les réglemens, qu'on a été obligé de défendre aux ouvriers d'excéder la quantité d'ouvrage qui est usitée ; ou de la faire toute pendant la seule matinée, de peur que l'abus ne devînt encore plus grand. On verra aussi, à la suite du tarif, la quantité qu'un ouvrier doit faire dans un jour des différentes sortes de papier.

250. Les feutres ou langes dont nous avons parlé §. 25o, et qui doivent séparer chaque feuille de papier, sont placés sur la mule à côté du coucheur. Il étend d'abord un feutre sur le trapan pour coucher la première feuille, sur cette feuille un feutre, et ainsi alternativement. Comme il faut plus de tems à l'ouvrier pour faire une feuille, qu'il n'en faut au coucheur pour l'appliquer sur le feutre, celui-ci a le tems, dès qu'il a remis sa forme sur le trapan de cuve, et qu'il a redressé la forme suivante, de prendre un des feutres que le leveur ou son apprenti lui fournit, en les plaçant sur la mule, et de l'étendre promptement sur la feuille qu'il vient de coucher ; après quoi il se retourne, prend la seconde forme qu'il avait redressée et appuyée contre les bâtons de l'égouttoir, et il la couche à son tour.

Des fautes que les ouvriers des cuves peuvent commettre.

251. L'ouvreur doit avoir l'attention, en distribuant la matière sur sa forme, de renforcer le *bon carron*, c'est-à-dire, le coin de la feuille qui est en haut sur la droite entre la bonne rive et les mains, parce que c'est toujours ce coin que l'on pince en levant les feuilles, ou en les étendant. Sans cette précaution, il s'en casserait beaucoup. Si l'ouvreur enlève trop de matière avec sa forme, s'il ne l'étend pas également, s'il laisse échapper l'eau

trop promptement, s'il frappe de sa forme contre l'égouttoir, dans tous ces cas la matière s'accumule dans certains endroits de la forme : ce qui produit des *andouilles* dans le papier.

252. LORSQU'IL laisse endormir la matière sur la forme, et qu'il ne la distribue pas assez tôt, il se forme une feuille *châtaignée*, c'est-à-dire, semée de parties d'inégale épaisseur. Quand la cuve est trop chaude, on *enverge* toujours mal, et l'on ne peut guère éviter ces inégalités, parce que l'eau s'évapore trop vîte de dessus la forme.

253. UN ouvreur peut laisser *revercher* la feuille, c'est-à-dire, refluer trop la matière vers un des bords, en ne donnant pas à ses bras un mouvement régulier. Il peut *esserner* sa feuille, c'est-à-dire, faire un papier tronqué, s'il n'étend pas assez sa matière, si la cuve est trop chaude, si la fécule est trop crue, trop verte et peu coulante, s'il a les bras trop roides, s'il donne une mauvaise secousse, ou si la forme est mal faite. Il fait une feuille *dentelée*, en ôtant mal la converture : ce qui arrive aussi par le défaut des feutres, de leurs coutures, de leurs lisières.

254. EN examinant une feuille de papier au transparent, on voit que des deux côtés de chaque pontuseau, il y a une plus grande opacité que vers le milieu de l'intervalle. Cette épaisseur vient de la matière qui n'a pu se distribuer par le mouvement de la forme, étant arrêtée par les pontuseaux ou le manicordium qui sert à les parfiler. On éviterait ce défaut, s'il était possible de se passer de pontuseau, et d'avoir des fils de verjure assez tendus et assez fixes, pour n'avoir pas besoin d'être parfilés de distance en distance. Cela nous paraît impraticable; mais il est possible de diminuer beaucoup l'inconvénient, en promenant la forme avec douceur, peut-être même en ne la promenant presque point. Dans les papiers de Hollande, qui ont de l'épaisseur, on aperçoit à peine cette inégalité, parce qu'on procède beaucoup plus lentement dans les fabriques hollandaises, et qu'on secoue moins la forme pour enverger.

255. LE coucheur peut aussi, par inattention ou par défaut d'expérience, occasionner plusieurs difformités dans la feuille, dont nous essaierons de donner une idée.

256. POUR éviter les *gouttes d'eau* qui tombent facilement sur le papier, et y font des taches désagréables, il doit coucher sa forme lentement, et la relever promptement. Toutes les fois qu'il appuie sa forme sur l'égouttoir, il doit secouer sa main derrière lui : sans cette précaution, ses doigts qui sont mouillés, dégoutteraient sur la feuille déjà couchée, en la couvrant du feutre, et y formeraient la *goutte d'eau*.

257. SI l'on couche trop vîte, l'air retenu et comprimé sous la feuille occasionne des boursoufflemens et des endroits plus clairs que les autres, qu'on appelle *musettes*.

258. Lorsqu'en appuyant de la main droite la bonne rive de la forme sur le feutre, le coucheur laisse glisser la forme sur le feutre, ou qu'il n'a pas la main sûre, il fait du *lâche*, du *coulé*, de *l'écrasé* ; ce sont les différentes nuances d'un même défaut qui consiste à avoir une feuille tiraillée d'un certain sens, jusqu'au déchirement. Si elle n'est pas déchirée, c'est un papier *tiré de flautre*, *labouré* ou *bourdonné*, suivant que les inégalités seront fortes, et en différens sens. Si le coucheur appuie trop, et que l'eau du feutre soit exprimée dans la feuille couchée, l'on dit qu'il a fait du *gâté-d'eau*. Il fait aussi des feuilles *rebordées* ou *dentelées*, soit en y appuyant les doigts, soit en étendant mal le feutre.

Manière de presser les porses.

259. Les ouvriers de cuve appellent un *quet* l'assemblage de vingt-six feuilles; la *porse* (70) est composée d'un certain nombre de quets, qui varie suivant la grandeur du papier. La porse de couronne a dix quets, ou deux cent soixante feuilles, c'est-à dire, une demi-rame, et dix feuilles de plus pour indemniser le fabricant du cassé. La porse n'est quelquefois que de cent feuilles, lorsqu'on travaille dans de plus grandes sortes (§. 509).

260. Lorsqu'on a le nombre de feuilles et de feutres suffisans pour former une porse, il est question de la presser. On l'appelle alors *porse de feutres*, ou *porse-laine ;* on la recouvre d'un feutre, et ensuite d'une autre planche, qu'on nomme *le couvercle du drapan*. Le coucheur et le leveur portent sous la presse le drapan chargé de la porse, au moyen des deux *menilles ff*, ou poignées, dont il est garni; ou bien ils le traînent le long des *poulins*, qui sont placés entre la presse et la cuve, avec deux bâtons crochus, tels que *g* (*fig.* 1), qu'on nomme *bêches*. Ils placent ainsi la porse sur le soutrait de la presse (les ouvriers disent *soutras*, sans doute par corruption). Il s'agit alors de presser la *porse-laine*, ou *porse de feutres*, qu'on appelle ailleurs la *porse en flautre*, et chez les cartonniers la *pressée*.

De la presse.

261. La presse est une des parties essentielles à la fabrication du papier, comme nous aurons occasion de le faire observer; ainsi nous ne devons pas négliger de la faire connaître en détail.

262. La presse est représentée dans la *planche VIII*, vis-à-vis du coucheur; elle est composée de deux *montans*, tels que II, H (*fig.* 1), emmortaisés sur un gros sommier B, qui les traverse par le bas, et enfourchés par en haut aux

(70) En allemand, *Stoss.*

deux bouts d'un autre moindre sommier E, qui forme en même tems l'écrou. Dans cet écrou tourne la vis D, dont l'extrémité inférieure est noyée dans le trou C d'une autre pièce de bois qu'on nomme la *selle*, ou *mouton*. Le pivot qui entre dans le mouton, a un collet ou étranglement, dans lequel s'engage une cheville qui traverse le mouton , et fait que la vis ne peut s'élever en tournant, sans faire remonter sa *selle* en même tems.

263. La pièce d'en bas qui est immobile , et sur laquelle se place la porse de feutres , se nomme, comme on l'a dit , le *soutrait* de la presse.

264. Quand la porse est placée sur le soutrait de la presse , et qu'on y a mis le couvercle du drapan, on y place encore les *mises*, qui sont des pièces de bois carrées de deux pieds de long , ayant quelquefois des *menilles* ou poignées pour les saisir. On en emploie trois ou quatre, selon que le demande la hauteur de la porse ; elles sont marquées 1 , 2 , 3 , dans la *planche VIII , fig.* 1. En-suite avec un levier de dix à douze pieds, dont un bout entre dans la tête de la vis, quatre hommes mettent la porse dans une violente compression pour en faire égoutter l'eau. Quand il est besoin de s'arrêter pour changer le le-vier de trou, et continuer ensuite de presser, on se sert, pour contenir la vis, d'un morceau de bois nommé la *poye*, et que l'on voit suspendu en R à l'un des montans de la presse : ce n'est proprement qu'un bâton que l'on en-gage dans le trou de la vis qui se présente le mieux.

265. Non-seulement les quatre hommes dont nous avons parlé, pressent avec toute la force dont ils sont capables sur un levier de douze pieds : mais lorsqu'ils sont au terme de leur action, ils attachent à l'extrémité de ce même levier une grosse corde; l'autre bout de la corde passe dans une espèce de tour ou de cabestan qui a quatre barres; les quatre hommes tournent de toute leur force ce cabestan pour faire faire encore quelques pieds de plus au levier que les bras ne pouvaient plus émouvoir , et cette nouvelle manœuvre produit encore un demi-tour de vis.

266. La porse de feutres ayant été pressée autant que les quatre hommes l'ont pu faire , aidés du cabestan , on passe tout autour de la porse un racloir de bois pour exprimer du bord des feutres toute l'eau qui peut y être restée; puis donnant un coup de bâton sur la poye , on la dégage du trou de la vis : la presse se lâche aussitôt, et la vis retourne d'elle-même ; alors le *coucheur* et l'apprenti vireur de feutres retirent la porse de dessus la presse , et la remet-tent à un quatrième ouvrier nommé le *leveur* de papier, ou simplement leveur.

Du leveur.

267. La fonction du *leveur* consiste à détacher les feuilles de dessus les feu-tres qui y sont appliqués par l'action de la presse qu'elles viennent de soutenir. Il se place , comme on le voit en K (*pl. VIII , fig.* 1) , derrière une espèce de

banc semblable à celui des *lavandiers* de certaines provinces : on l'appelle la *selle* du leveur. On y voit deux châssis formés chacun de deux bâtons ou échalas de bois, équarris, traversés de deux autres qui les assemblent par leurs extrémités comme deux échalons. L'un de ces châssis, qui est le plus long, est incliné et appuyé sur le plus court qui lui sert de support à différentes inclinaisons, à peu près comme le chevalet des peintres, ou comme les échelles doubles que l'on promène dans les bibliothèques. Vers le bas du grand châssis il y a deux chevilles *l*, *m*, qui avancent assez pour soutenir une planche *n* appuyée sur le banc, et inclinée d'environ cinquante degrés.

268. C'est sur cette planche que le leveur qui est debout, applique toutes les feuilles après les avoir détachées des feutres. Le vireur commence par relever les feutres avec les deux mains par un côté, afin que le leveur puisse plus aisément détacher les feuilles que la presse y a comme collées ; et lorsqu'il les a détachées, le vireur ôte le feutre, le jette à sa gauche, et forme un paquet de feutres qui sont placés sur la *mule*, pour que le coucheur puisse s'en servir dans la *porse* suivante, qui se travaille en même tems, comme on le voit dans la *figure* (71). Le vireur n'est ordinairement qu'un apprenti, et sa partie est aisée ; mais la manœuvre du *leveur* demande de l'adresse et de l'habitude, pour ne pas déchirer les feuilles en les levant de dessus les feutres ; elle ne convient qu'à des gens qu'on y a exercés dès leur jeunesse, et non pas à des paysans grossiers et sans habitude : aussi dans de petites fabriques écartées, où l'on ne peut choisir les ouvriers, il se trouve quelquefois un tiers de papiers défectueux, et presque toujours par le défaut de cette opération, ou de celle de l'étendoir. Il est donc utile d'entrer dans le détail de cette manipulation, et des soins qu'elle exige de la part du leveur. On verra que c'est celui des trois ouvriers de cuve, qui doit avoir le plus d'adresse.

269. Le leveur pince le coin de sa feuille qui est de son côté, appelé *bon carron*, avec le pouce et l'index de la main droite ; dès que le coin de la feuille est levé de dessus le flautre d'environ un pouce, le leveur le prend de la main gauche, soulève la feuille, en glissant en même tems la main droite vers le milieu de la feuille jusqu'à l'autre coin ; et lorsqu'elle est levée au tiers, il l'élève hardiment des deux mains, et l'étend sur sa planche. Il place sa feuille en deux tems, pour que l'air puisse s'échapper, et qu'il ne se fasse point de musettes, de rides, ou de gaines.

270. Il y a des ouvriers qui mettent un feutre sur la porse, dès qu'ils ont deux ou trois pouces d'épaisseur ; le plus souvent c'est lorsque le leveur a

(71) M. de Justi observe que dans les fabriques d'Allemagne, on fait sécher au feu les feutres avant de les employer une seconde fois. Ils sont pour l'ordinaire encore tièdes lorsqu'on les met en œuvre, et ce procédé paraît utile.

levé la moitié de sa porse, qu'il la couvre avec deux feutres ; ensuite il appuie ses mains de toute sa force pour aplatir la porse depuis les mains de
la feuille jusqu'aux pieds, et également sur les rives. Cette demi-porse blanche
en devient plus plate, plus ferme, et est moins sujette à glisser. Si, malgré
cette précaution, sa porse menace encore de tomber, il prend le linge imbibé
d'eau, et en fait couler entre la planche et la porse blanche : cette eau empêche la porse de glisser.

271. Le leveur doit avoir l'attention de soulever de tems en tems les
rives de la porse en flautres, principalement celles des mains du bon carron,
afin de pouvoir pincer plus légèrement ses feuilles, lorsqu'il veut les lever.

272. Si le coucheur travaille trop vîte, et que le leveur se trouve pressé,
il n'étend pas exactement ses feuilles l'une sur l'autre ; les carrons ne se cor-
respondent pas exactement. Il arrive alors que les jeteuses après la colle, en
pinçant le carron de la première feuille pour la lever, fatiguent le carron
de la feuille qui est dessous ; celle-ci se casse quand on vient à la lever à son
tour, ce qui occasionne un *pied-de-chèvre* qu'on ne répare quelquefois qu'en
le soudant sur couture ; et alors la feuille n'est mise qu'au *chantonné* lorsqu'on la retire à la salle (§. 355).

273. La porse blanche, c'est-à-dire la planche couverte de toutes ces feuilles avec leurs feutres, se porte ensuite sous une petite presse qui est de l'autre côté, comme on le voit en L (*planche VIII, fig.* 1), et qu'on appelle la
pressette ; là on en exprime encore le peu d'eau qui pouvait y rester, mais
avec modération, doucement, et à plusieurs reprises : autrement on ris-
querait de couper le papier.

274. Cette pressette donne du corps au papier, et rend le grain plus
uniforme, en effaçant les impressions de la verjure.

275. Quelquefois on attend, pour presser en porse blanche, qu'il y ait
huit rames de faites en couronne, ou seize porses, c'est-à-dire, l'ouvrage de
la journée ; mais pour l'ordinaire on presse en porse blanche trois fois le jour.

276. Il faut brasser la cuve avec la fourche au moins à chaque porse, avoir
soin de rechercher tout autour du pistolet, et dans les angles où la matière
se dépose, pour se présenter ensuite sur la verjure en forme de pâtons.
Toutes les fois que l'on quitte l'ouvrage, il faut rincer le tour de cuve, et
tout ce qui communique à la matière du papier.

277. La cuve à ouvrer doit être vidée et lavée à fond tous les quinze
jours au moins, en dedans et en dehors. Ce sont les trois ouvriers de cuve
qui sont chargés de cet ouvrage, en considération duquel on leur fait grâce
de deux porses, c'est-à-dire, d'une rame en couronne.

278. C'est le leveur qui est chargé seul de presser sa porse blanche ; d'ap-
porter la pâte dans la cuve de l'ouvrier au moyen de la bachole, et d'entre-

tenir le feu dans le pistolet ; de le garnir tous les soirs pour le lendemain, et de brasser la cuve s'il y reste de la pâte ; d'en laver les bords, d'aller chercher le couvercle de la cuve conjointement avec le coucheur, et de porter les porses blanches aux étendoirs.

279. LA porse blanche, ainsi formée d'environ huit cents feuilles, se porte aux étendoirs ; là il s'agit de les séparer et de les étendre, non pas une à une, mais par paquets de sept à huit feuilles si c'est de la couronne, plus ou moins dans les autres grandeurs.

Manière d'étendre en pages.

280. LORSQU'ON fait attention que les feuilles sont très-minces, qu'elles sont formées par une fécule qui est encore chargée de beaucoup d'eau, et qui a peu de consistance, on sent bien que la presse les a tellement unies les unes aux autres, qu'il est difficile de les séparer. En effet, on ne parviendrait pas à les tirer une à une, sans en déchirer un grand nombre ; mais heureusement cette séparation feuille à feuille n'est pas nécessaire, comme on le verra plus bas. On se contente donc de lever sept à huit feuilles ensemble, ce qu'on appelle *former des pages*. Quelquefois aussi on en lève un moindre nombre, à mesure que le papier se trouve plus grand, mais jamais moins de trois feuilles, excepté dans ces papiers de grandeur extraordinaire, tel que le grand *anglée* qu'on a exécuté à Montargis, et qui s'étend feuille à feuille.

281. EN Auvergne et en Angoumois, c'est le *gouverneur* du moulin qui étend le papier pressé en porse blanche ; dans d'autres provinces ce sont des femmes, ou bien c'est le *leveur* après la journée faite. Il serait plus sûr d'avoir un *gouverneur* des étendoirs, uniquement occupé des opérations qui s'y font ; car il y a beaucoup à perdre par la négligence de ceux qui étendent. Un étendeur de porses doit étendre la journée de trois cuves.

282. L'ÉTENDEUR ayant reçu une porse blanche encore mouillée, l'étend lui-même en pages dans le petit étendoir. Pour commencer par les plus hautes cordes de l'étendoir, on monte sur un banc de trois pieds de haut et de douze pieds de longueur : on le peut voir en E (*pl. VIII, fig. 2*). Les deux porses sont placées sur une *sellette* à trois jambes, telle que F, de quatre pieds et demi de haut sur quinze pouces en carré. Celui qui étend, tient de la main droite un petit *ferlet*, tel qu'on le voit en C dans la main d'une femme. Cet instrument n'est autre chose qu'un bâton traversé par un autre, en forme de T, gros comme le petit doigt, et long de quinze à dix-huit pouces. Il fait sa page de la main gauche sur la porse ; c'est-à-dire, il prend six ou huit feuilles de papier, comme nous l'avons dit ; il souffle sous cette page, pour séparer les feuilles les unes des autres : autrement il s'en déchirerait beaucoup. Il observe

aussi de lever ces feuilles du même côté qu'on les a détachées de dessus les feutres en les mettant sur la selle ; c'est-à-dire , par le bon carron ; il prend ensuite deux cordes de la même main gauche , et il y étend sa page avec le ferlet qu'il a toujours tenu de la droite. Quand les porses sont de grand papier, il prend trois cordes à la fois pour les étendre. Nous parlerons plus en détail de *l'étendoir*, lorsqu'il s'agira d'y mettre le papier collé, qui demande plus d'attention , et exige aussi un plus grand étendoir.

283. Il importe , plus qu'on ne croirait d'abord , que les feuilles demeurent , pour ainsi dire , collées plusieurs ensemble. Si elles étaient seules et une à une, elles ne pourraient point résister au mouillage de la colle , et ce mouillage sera suffisant pour en faciliter la séparation. Pour empêcher qu'elles ne se séparent et ne s'effeuillèlent dans l'étendoir en y séchant , on les place de manière que les pages reçoivent le vent dans la surface , et non point de côté et par les rives.

284. L'étendeur doit avoir attention de ne pas faire des *chaperons*, ou égratignures , en frottant ses feuilles contre les cordes, ou des *marroquins*, c'est-à-dire , des rides , en faisant ses pages trop fortes : ce qui oblige les feuilles intérieures de se froncer sur la corde.

285. Le papier ayant séché dans l'étendoir , le gouverneur va *ramasser* les pages, c'est-à-dire , les descendre de dessus les cordes. Il observe que les feuilles soient toujours tournées du même côté que lorsque le leveur les a détachées des feutres ; ce qui se reconnaît par la marque des pouces, imprimée aux deux bouts de la feuille. Cette remarque est importante , parce qu'ayant à étendre deux fois le papier encore mouillé , on tache moins les feuilles , et l'on n'en expose pas un si grand nombre à être gâtées.

286. Après avoir descendu les pages, le leveur les met en *moules* (*), c'est-à-dire en piles , couchées sur des planches, et appuyées contre les piliers de l'étendoir ; puis il les frotte avec une lisse de bois , les manie , les secoue, pour en faire tomber la poussière , et détacher les pages les unes des autres. Il les met en piles dans le magasin ; c'est là où l'apprenti vient les prendre pour le *collage*.

De la colle.

287. Le papier qui a été formé par les opérations précédentes , serait suffisant pour écrire avec le crayon, ou des matières sèches ; mais l'encre dont nous nous servons, et qui contient une espèce d'humidité , pénétrerait le papier, s'il n'était enduit d'une couche de matière plus difficile à dissoudre par l'humidité.

(*) Ce terme vient sans doute de *moles*, ainsi qu'on dit en certaines provinces des *moules* de foin.

288. On doit avoir pour le *collage* une chambre voûtée, afin de se garantir des incendies, aussi bien que des ordures qui pourraient gâter ou le papier ou la colle. Dans cette chambre représentée à la *planche IX, fig.* 1, on voit deux grandes chaudières de cuivre G, H, enchâssées dans de la maçonnerie, et une autre moindre I, nommée le *mouilloir*, en Auvergne le *mouilladoir*, qui est simplement placée sur un trépied, avec un réchaud de feu par-dessous. La première chaudière G a trois pieds et demi de diamètre sur deux et demi de profondeur, et c'est là qu'on fait cuire la colle. La seconde chaudière H est presque de la même grandeur; elle sert à passer la colle. Enfin c'est dans le mouilloir I que se fait l'opération du *collage*.

289. La colle se fait avec des retailles que l'on prend chez les tanneurs, les chamoiseurs, les mégissiers ou blanchisseurs de peaux, et même chez les bouchers. Elle consiste en morceaux ou rognures de cuir, oreilles, collets, pieds, tripes, et autres menuisailles de toutes sortes de bêtes à quatre pieds, excepté du cochon.

290. Dans les bonnes fabriques on se sert, par préférence, des retailles de chamoiseurs, de mégissiers et de blanchers, qui n'emploient que des cuirs de chevreaux, d'agneaux ou de moutons : c'est ce qu'on appelle la *brochette*. La colle en est plus claire que lorsqu'on emploie les retailles de tanneurs, qui fournissent des cuirs de vaches, de bœufs et de veaux. On doit avoir soin de les bien fouler et laver, pour en ôter la poussière de chaux qui en altère la qualité, et qui ternit la colle.

291. Celle qui est faite avec les rognures des cuirs de tanneurs, est forte; mais elle diminue la blancheur du papier. Les rognures de peaux de moutons, que vendent les peaussiers et les chamoiseurs ; donnent une colle plus blanche que la précédente; mais elle n'est pas si forte. On emploie aussi les rognures de parchemin pour les belles qualités de papier.

292. Mais la meilleure serait sans doute cette belle colle de poisson, qu'on emploie pour clarifier le vin, pour blanchir la gaze et lustrer les ouvrages de soie. Les Hollandais vont la chercher à Archangel, et ils en font le commerce dans toute l'Europe. On assure que cette colle est faite avec la peau, les nageoires et les parties mucilagineuses d'un poisson appelé *husoouexqssis*, que les Moscovites font bouillir à petit feu jusqu'à la consistance d'une gelée ; ils l'étendent ensuite de l'épaisseur d'une feuille de papier, et en forment des pains ou des cordons, tels que nous les recevons de Hollande ; mais comme cette colle est chère, il faudrait aspirer à une bien grande perfection, pour entreprendre d'en faire usage dans la papeterie.

293. Il pourrait du moins y avoir quelque avantage à employer de la colle ordinaire en pains, telle qu'est la colle de Flandres ou la colle forte; elle

serait plus épurée (*) ; on saurait plus précisément la quantité qui est nécessaire pour faire un bon collage, et l'on aurait une colle qui serait toujours de même force (72).

294. Quelques papetiers mettent un peu de bleu-d'Inde dans leur colle, pour corriger la teinte jaunâtre qu'elle peut laisser au papier.

Manière de faire cuire la colle.

295. On remplit une grande chaudière G (*pl. IX, fig* 1), environ jusqu'aux deux tiers, d'eau nette ; puis on y descend, presque jusqu'au fond, un panier de fer K qui se nomme *trépied*. C'est une forme de jatte à jour, composée de diverses bandes courbées en demi-cercle qui se croisent mutuellement au fond, et aboutissent vers le haut à un grand cerceau de fer qui fait tout le tour et comme le bord du panier ; il peut y avoir aussi d'autres cerceaux de fer entre celui-là et le fond, et ils peuvent être garnis tous ensemble de quelques fils de fer en treillis. Ces bandes de fer se terminent en forme d'anneaux, et on y accroche des chaînes par le moyen desquelles on peut tenir ce trépied suspendu dans la cuve, l'y descendre et l'en tirer à volonté. Une corde qui passe sur une poulie L, et revient tourner en bas sur une manivelle, sert à élever le trépied quand il en est besoin. Le trépied est destiné à contenir les rognures dont se forme la colle, et à les retirer toutes ensemble, sans laisser des fragmens au fond de la chaudière ; mais pour empêcher qu'elles ne s'attachent aux parois internes de ce panier de fer, on met dans le fond quelques poignées de paille.

296. On place dans cette chaudière, garnie comme nous venons de le dire, et déjà prête à bouillir, pour six milliers de papier, environ cinq cents livres de brochette ou de retailles propres à former la colle (§. 312); on les fait cuire à petit feu, sans laisser bouillir l'eau; on a soin seulement de l'entretenir toujours frémissante et prête à bouillir pendant quatre heures. Il faudrait plus de tems, si la quantité de rognures était moindre, et qu'on voulût d'une seule fois en exprimer tout ce qu'elles peuvent fournir de matière propre à la colle. On a soin de les remuer de tems à autres pour faire mieux pénétrer l'eau.

297. Quand on juge la colle assez cuite, on y plonge une bassine de cuivre à deux mains, telle que celle qui est entre les mains de l'ouvrier B, et l'on

---

(*) La colle forte bien faite est dégraissée avec l'esprit de vin.

(72) Cette colle venant d'une manufacture étrangère, serait à trop haut prix dans les fabriques de papier. Il vaudrait mieux peut-être pour les papetiers, qu'ils fabriquassent eux-mêmes la colle forte avec leurs retailles, et qu'ils en déterminassent ensuite plus exactement la quantité, lorsqu'ils font leur colle à papier.

tire de la chaudière tout ce qu'il y a de liquide. On observe de plonger en même tems dans la chaudière, par-dessus les retailles et sous la bassine de cuivre, un *paillon*, ou grand torchon de paille, qui les empêche de s'attacher à la bassine.

298. On presse fortement la bassine sur ce paillon et sur ces retailles, et l'on puise ainsi le bouillon qui entre par les bords de la bassine, sans crasse, ni grumeaux de colle ; on porte ce bouillon de colle dans la chaudière voisine, où on le verse au travers d'un *couloir*.

299. L'*arquet* (*) est un châssis de deux pieds dix pouces de long sur dix-huit pouces de large, fait de quatre tringles, et de cordes nouées qui les traversent de part et d'autre en compartimens carrés : on place cet arquet sur la seconde chaudière H (*fig.* 1); on étend par-dessus l'arquet un drap de toile rousse médiocrement serrée, qui forme le couloir, au travers duquel on passe le bouillon de colle dans la seconde chaudière pour laisser déposer la cendre du tanneur ou les autres ordures, qui presque toujours ont demeuré attachées aux rognures dont on se sert. Après avoir ainsi enlevé de la grande chaudière G le bouillon de colle, on recommence à la remplir d'eau, mais peu à peu. D'abord on y verse cinq ou six pleines bassines pour la première fois, ensuite une ou deux à chaque fois jusqu'à la fin, augmentant toujours le feu de tems en tems, mais sans que l'eau bouille. Au bout de quelques heures on puise ce nouveau bouillon, et on le passe dans la seconde chaudière, comme la première fois.

300. La grande chaudière se remplit ainsi jusqu'à six fois ou davantage, tant que la colle paraît avoir encore assez de consistance. On se règle à cet égard sur l'état des rognures ; car quand elles n'ont plus de suc, et qu'en les retirant elles vont tout-à-coup au fond de la chaudière, on y met moins d'eau qu'auparavant ; on se contente de la remplir alors jusqu'aux deux tiers : ce qui se fait encore quatre ou cinq fois. Pour s'assurer mieux si cette cuite peut produire une colle suffisante, on trempe les doigts dans le bouillon ; et quand on ne sent plus la viscosité que doit avoir la colle, les doigts ne s'attachant plus l'un à l'autre, c'est une marque qu'il ne reste plus de suc dans les rognures : on vide alors la chaudière, et les restes servent encore de fumier pour la culture des fleurs. Toute cette cuite de colle dure environ trente-six ou quarante-huit heures. Comme la seconde chaudière ne suffit pas pour contenir toute la colle qui s'est faite dans la première, à plusieurs reprises, on en emploie encore d'autres plus petites, dans lesquelles on passe de même au travers d'un couloir une partie de cette colle. Tous ces bouillons de colle se versent, à mesure qu'on les emploie, dans le *mouilloir* ou *mouilladoir*

(*) Ce mot vient, par corruption, de raquette.

représenté en I (*fig.* 1) que l'on couvre aussi avec l'arquet et le drap pour former un couloir qui rend cette colle plus pure.

301. DANS d'autres provinces, on se contente de faire bouillir la brochette, d'un bouillon égal et léger, dans la même eau pendant quinze, seize, quelquefois vingt-quatre heures, en y ajoutant de l'eau à mesure qu'elle décroît; et l'on emploie cette colle pendant les deux jours suivans. C'est ainsi que cela se pratique à Montargis.

302. ON verse dans le mouilloir une moitié d'eau pure et une moitié d'eau de colle, par exemple, cent pintes de chacune, pour coller quinze rames de papier couronne; on y ajoute trois livres d'alun rouge, fondu et con é plusieurs fois. Cinq cents livres de colle exigent en tout vingt-cinq livres d'alun, c'est-à-dire, un vingtième. Ce sel styptique et astringent sert à faire tenir la colle sur le papier, comme dans la teinture il rend les couleurs plus adhérentes à l'étoffe. Le papier en est plus ferme, et, comme disent les ouvriers, plus *pétillant*. Si l'on craint les grandes chaleurs, on augmente quelquefois la dose de l'alun jusqu'à un quinzième du poids de la brochette. L'alun de Rome est celui que l'on préfère, et l'alun de roche ne sert que pour les papiers communs.

303. OUTRE l'alun qu'on met dans la colle, lorsqu'elle est clarifiée, certains fabricans y ajoutent un peu de couperose ou vitriol verd, d'autres du vitriol blanc, environ la dixième partie de l'alun. Cependant il y a des personnes qui prétendent que ce mélange n'est point favorable pour l'écriture, et produit une espèce de boue en se mêlant avec l'encre (73).

304. POUR faire l'épreuve de la colle, on en met dans un vase environ la valeur d'un demi-septier. Quand elle est figée, on examine si elle est forte, dure, transparente, claire, tirant sur le verd d'eau; ce sont les qualités que doit avoir la bonne colle. On ne s'en tient pas là; et lorsque le saleran a collé la première poignée, il en prend une feuille, la fait sécher dans l'endroit le plus frais de la chambre; il l'éprouve avec la langue, et il juge, par l'impression qu'elle y fait, et par la flexibilité qu'elle y acquiert, si la colle est bonne. Lorsqu'elle se trouve trop forte, on y ajoute de l'eau; si elle est trop faible, on y met une poignée de vitriol, ou bien on change de papier, et l'on en prend

---

(73) Ce serait peu de chose quant à l'écriture; mais le vitriol détruit la blancheur du papier. Toutes les solutions de ce sel minéral donnent au papier une couleur jaunâtre et tirant sur le brun. Cette addition est donc manifestement contraire aux premières notions. Et voilà le service important que les savans pourront rendre aux arts, lorsque l'exemple des diverses Académies, et les encouragemens qu'elles accordent, auront engagé les gens de lettres à étudier les procédés des arts, et à leur appliquer les connaissances théorétiques qu'ils possèdent. Alors ils pourront corriger un grand nombre de pratiques fondées sur des routines aveugles et contraires aux vrais principes et à la perfection des arts.

un où la colle soit moins essentielle, tel que le papier d'impression (§. 317).
Quand on craint l'orage, qui peut faire fluer la colle (§. 316), on met encore
dans le mouilloir un morceau d'alun en pierre.

Travail du saleran qui colle le papier.

~305. Le *saleran* ou *salaran* (*) est l'ouvrier qui doit coller le papier; on
le voit en C (*fig.* 1), placé devant son mouilloir. Ce mouilloir est monté sur
un trépied, et entretenu dans une douce chaleur par une *cassole* qui est dessous, c'est-à-dire, un réchaud d'un pied de diamètre sur quatre pouces de
haut. Il a huit petites ouvertures ou fenêtres de dix-huit lignes de hauteur sur
douze de largeur. Il faut prendre garde que la colle ne soit pas trop chaude;
elle racornirait le papier, s'écaillerait, et formerait un papier brûlé de colle.
Le saleran reçoit des mains de l'apprenti les pages de papier rapportées de
l'étendoir; il les frotte avec la main, principalement par les bords; il en fait
des *poignées* : c'est ainsi qu'on nomme la quantité de feuilles que le saleran
peut coller. On les appelle en Normandie des *empages*. Ces poignées font environ huit à neuf mains du petit papier, ou quatre à cinq du *grand raisin*,
ainsi des autres à proportion.

306. Le papier étant déployé de toute sa longueur, on le prend par les deux
mains avec de petites palettes de carton ou de sapin fort mince et fort uni, que
l'on voit deux à deux en *d*, *d* (*fig.* 1), avec lesquelles, sans crainte de déchirer le papier, on embrasse toute la largeur de la poignée.

307. Le saleran plonge sa main droite obliquement dans le mouilloir; il fait
entrer toute la poignée, la retire aussitôt, et elle est déjà suffisamment collée.

308. Il y a des salerans mouilleurs, qui, pour distribuer mieux la colle
dans toute l'épaisseur de la poignée, la roulent en la plongeant, ou ne la
tiennent serrée entre les deux palettes que d'une main; et de l'autre la feuil-
lètent ou séparent les feuilles comme pour les détacher les unes des autres,
et promènent dans la colle leur papier entr'ouvert, pour qu'elle puisse s'y insi-
nuer. D'autres changent encore de main, pour faire la même opération sur la
partie qui était serrée entre les deux palettes.

309. Il nous paraît qu'il n'y a pas grande différence entre un papier collé
avec ces précautions, et celui qu'on n'a fait que passer rapidement dans le
mouilloir : c'est la presse qui distribue la colle et la fait pénétrer également,
en même tems qu'elle en dégorge le superflu.

310. La poignée étant suffisamment collée, on la porte sous une presse D,
faite exprès pour le papier collé; mais on ne la met en jeu que lorsqu'il y a à

(*) En général, le saleran est l'ouvrier qui travaille dans les salles; mais sa principale fonction est celle du collage.

11.

peu près dix poignées ou *ramettes*, ou cinq *ballons*, qui font environ cinq rames ; on ne presse que faiblement et peu à peu, et ces cinq ballons ne doivent rester en presse qu'un quart-d'heure au plus ; de deux en deux ramettes, le saleran met une paille sur le bon carron, pour constater son ouvrage.

311. La presse que l'on voit en D, ne diffère de celle qui a été décrite §. 260, que par le soutrait qui a une rigole tout autour, semblable à celle des pressoirs. La colle qui est exprimée des *ballons*, coule par-là, se rend en E, et delà dans un *gerlot* F, qui est placé sous la gouttière.

312. Les deux cents pintes de colle qui sont dans le mouilloir, peuvent coller environ quinze à seize rames de la couronne ou des sortes de papier qui pèsent environ treize à quatorze livres la rame, et seulement six rames du papier au *grand raisin*, qui pèse trente-deux livres. A l'égard du poids de la brochette, on le règle à la dixième partie de celui du papier qu'on veut coller, ou un peu moins. Tout le collage d'une cuite peut se faire en quatre heures, après quoi l'on ne perd pas de tems pour le porter aux étendoirs ; car le papier se gâterait, s'il n'était étendu aussitôt après la colle, même, s'il est possible, avant que d'être refroidi, et feuille à feuille, comme nous le dirons bientôt ; car s'il était surpris par le froid avant que la colle eût commencé à sécher, elle s'écaillerait, et l'on aurait un papier brûlé de colle, à peu près comme si la colle eût été employée trop chaude (§. 305.)

313. Le bâtiment de la colle est séparé à Montargis du reste des bâtimens, à cause des dangers du feu ; le magasin règne sur le bâtiment, et au moyen d'une trape on descend la brochette dans les chambres à colle. Il y a deux chambres à côté l'une de l'autre ; entre les deux on a creusé un puits dont l'eau tirée, par une pompe, s'élève dans une cuvette : de là elle est conduite par deux tuyaux de plomb dans les chaudières qui sont montées sur des fourneaux en maçonnerie. Dans chaque chambre il y a trois presses, en sorte que dix ouvriers peuvent y travailler à la fois, et coller six cents rames par jour.

314. La journée d'un saleran mouilleur est de coller l'ouvrage de douze cuves, ou quatre-vingt-seize rames en couronne ; mais il n'en livre à la fois que six rames de collées, parce que l'on doit étendre à mesure que l'on colle. Pour cet effet, les six rames se distribuent à six *selles* ; une selle occupe deux femmes qui doivent étendre l'ouvrage de deux cuves ; et de chacune des six selles on vient seize fois dans la journée à la chambre de colle. On a même soin, lorsqu'il fait froid, de couvrir les *ramettes* pour les conserver douces et mouillées. On appelle *ramette* dans les étendoirs ce qu'on appelait *porse* à la cuve, et *poignée* à la colle ; c'est une demi-rame ou deux cent cinquante feuilles dans les grandeurs moyennes, telles que la couronne.

315. Après avoir collé un certain nombre de pages, par exemple, de six en six mouillées, on a soin de vider le fond du mouilloir dans le drap de

colle étendu sur l'arquet, pour en ôter les immondices qui s'y déposent communément, soit qu'elles viennent du papier qu'on y plonge, soit qu'elles aient échappé à la première filtration.

Inconvéniens qui peuvent avoir lieu dans le collage.

316. Le collage du papier manque souvent, et cause alors une perte considérable. Il faut, pour le bien faire, choisir un jour sec et tempéré; quand l'air est humide, la colle se lave et coule le long du papier dans l'étendoir. S'il fait trop chaud, elle sèche trop vite; s'il fait trop froid, elle jaunit, elle s'écaille, et dans les deux cas ne pénètre point; enfin elle *tourne*, s'aigrit, se décompose, et devient fluante, lorsque le tems est disposé à l'orage. Aussi, bien de petits fabricans ne voulant point courir les risques de ces pertes, sont dans l'usage de ne point coller leurs papiers; ils les envoient coller ailleurs. Les Allemands se dispensent même totalement de coller les papiers qu'ils destinent à l'impression.

317. Les réglemens ordonnent en France de ne mettre aucune différence entre la colle du papier à écrire et celle du papier d'impression. La précaution est sage, parce qu'autrement on courrait risque d'avoir souvent du papier d'écriture, qui n'aurait qu'une demi-colle. Quelques imprimeurs se contentent à la vérité d'une colle moins forte (72) : ils disent que, si le papier est trop collé, on est obligé de tremper davantage et par moindres poignées, pour en ôter la colle; ou bien que ce papier trop collé ne sert qu'à fatiguer celui qui *tire le barreau*, et à user les caractères : mais cette raison ne doit pas être d'un grand poids.

318. On ne peut coller les feuilles des grandes sortes de toute leur étendue, parce qu'étant mouillées elles se déchireraient; cela oblige de les plier en deux, ou de les coller avec un bâton qui les soutient par le milieu. Les grandes sortes sont aussi très-difficiles à étendre ; comme le poids en est fort considérable, la corde y fait une impression en forme de *rides*, qui ne s'efface jamais, et qu'on appelle la *godée*. Peut-être qu'en essayant de l'étendre à plat et sur un grand nombre de cordes, on aurait un papier qui ne goderait point ; chacune de ces cordes ne soutenant qu'une petite partie du poids total, ne serait pas chargée de manière à pouvoir faire une défectuosité sur le papier.

319. On pourrait aussi l'étendre à plat et sur des tringles de bois larges et arrondies; l'usage des tringles de bois serait en général préférable à celui des cordes, parce que la courbure que prennent nécessairement les cordages, donne au papier une tournure fausse, et en fait un corps gauche qui est irré-

---

(72) Il y a des papiers, tels que ceux dont on se sert pour imprimer en taille-douce, qui exigent absolument d'être moins collés.

gulier dans son plan : ce qui est une autre espèce de godée, dont les dessina-
teurs se plaignent beaucoup. (73).

De l'étendoir.

320. L'ÉTENDOIR que l'on voit dans *planche VIII*, *fig.* 2 , dessiné en
Auvergne, fait partie d'une salle de 114 pieds de long sur 36 de large , formant trois corridors et comme trois étendoirs. Le plancher est de sapin ;
quatre rangs de sablières de demi-pied d'épaisseur sur un pied de large , espacées de quinze en quinze pieds, reçoivent dans des mortaises les jambes G,G,
qui soutiennent les *fermes* (*) sur lesquelles pose le toit. Les jambes du milieu reçoivent trois rangées ou trois étages de chevrons, les premiers à huit
pieds de hauteur au-dessus du plancher , les seconds à quinze pouces plus
bas , et les troisièmes à pareille distance des seconds.Ces chevrons ont quinze
pieds de long, et un équarrissage de cinq pouces sur trois; ils sont percés dans
toute leur longueur de plusieurs trous , à un pouce de distance les uns des
autres ; et dans ces trous on passe les cordes qui servent à étendre le papier;
de sorte que ce sont trois rangées de cordes, dont celles du plus bas étén-
doir sont à la hauteur d'environ cinq pieds et demi , et les plus hautes à huit
pieds.

321. ENTRE les chevrons il y a deux petites perches ou bâtons ronds qu'on
nomme *guimées* , qui sont représentés en C (*fig.* 3), et où sont aussi passées
les cordes. Elles sont fixées dans les mortaises ou trous des chevrons ou
des jambes qui forment les piédroits et les trumeaux des fenêtres , et elles
servent à tenir les cordages tendus.

322. QUAND on a levé les feuilles de papier de dessus les cordes du plus
bas étage , on roule ces cordes sur les guimées qu'on suspend par deux bouts
d'autres cordes aux chevrons de quinze pieds; et l'on a ainsi la facilité de
pouvoir détacher les feuilles du second étage , puis on en fait autant pour
celles qui sont au troisième.

323. TOUT le contour de cet étendoir n'est fermé que d'ais de sapin qui
forment des trumeaux et les appuis des fenêtres. Les fenêtres ont trois pieds
et demi de haut sur deux pieds et demi de large. Les volets sont en dedans,
portés dans des coulisses, et mobiles à droite et à gauche : on ferme en les
rapprochant, on ouvre en les écartant l'un de l'autre. L'appui des fenêtres a
trois pieds et demi de hauteur.

324. LES étendoirs de Montargis sont construits d'une manière un peu

---

(73) L'usage d'étendre sur des tringles
de bois est établi depuis long-tems dans les
papeteries d'Allemagne.

(*) La *ferme*, en terme de charpenterie,
est l'assemblage des pièces qui servent de
support à un comble.

différente, on en jugera facilement par la courte description que nous allons en donner.

325. On peut concevoir quatre poteaux à douze ou quinze pieds de distance les uns des autres, formant un carré dans le milieu de l'étendoir, et laissant un passage de chaque côté; ces poteaux ont huit à dix pouces d'é-quarrissage, et huit à dix pieds de hauteur; ils ont sur leur hauteur des trous espacés de dix-huit pouces, pour loger et soutenir les bouts des perches; les poteaux qui sont d'un côté portent des perches fixes à demeure, et qu'on ne déplace jamais; les poteaux qui sont de l'autre côté ont des perches que l'on enlève et qu'on replace à volonté. Ces perches sont de bois blanc, travaillées en carré dans leur longueur : elles en sont plus solides, et ne vacillent point quand elles sont emboîtées dans leurs trous; elles ont trois pouces d'équarrissage, et sont percées, de quatre en quatre pouces, de plusieurs trous dans lesquels doit passer une corde de trois lignes de diamètre.

326. La corde étant arrêtée dans le premier trou, par le moyen d'un nœud, à la perche la plus haute qui est à deux pieds du plafond, on la fait passer dans le premier trou de la perche opposée; de là on la ramène par le second trou de cette même perche au second trou de la première, et successivement par tous les autres; d'où résulte un châssis de cordes. A dix-huit pouces au-dessous de ce châssis, on en forme un semblable, et ensuite trois autres en descendant; de manière que le dernier châssis n'est plus qu'à trois pieds du pavé de l'étendoir.

327. Lorsqu'il s'agit d'étendre le papier, on descend toutes les perches d'un côté, on roule sur elles les cordes, et on les ramène au pied des poteaux qui sont de l'autre côté : on étend alors librement son papier sur le châssis le plus haut; après cela on replace le second, et successivement jusqu'au dernier. Les saleranes ont des bancs de différentes hauteurs pour étendre sur les différens étages de cordes, et sont enfin à genou ou assises à terre pour étendre sur les cordes les plus basses.

328. Il est nécessaire qu'il y ait beaucoup de fenêtres aux étendoirs, pour que le papier puisse sécher promptement, c'est-à-dire, en deux ou trois jours; car il roussit lorsqu'on le laisse trop long-tems au grand air. On a soin cependant de fermer les volets pendant la nuit; on les ferme aussi dans le jour, s'il y a de la pluie ou un trop grand vent, parce que la grande humidité ramollit le papier, et que le vent le fait tomber. Il est vrai qu'en Auvergne toute la charpente, qui est ordinairement de sapin, ferme peu exactement et laisse beaucoup de fentes et d'ouvertures dans les joints : aussi le vent trouve-t-il toujours assez d'issues pour bien sécher le papier, lors même que les volets sont fermés.

329. Dans les pays où le sapin n'est pas si commun qu'en Auvergne, la

charpente étant meilleure et mieux assemblée, le papier sèche lentement quand les fenêtres sont fermées. Il a fallu y remédier par la méthode suivante, qui donne le moyen de n'admettre que le degré et la quantité de vent qui peut paraître nécessaire pour sécher le papier.

Manière de fermer les étendoirs.

330. On peut concevoir au devant de chaque fenêtre deux coulisses parallèles l'une à l'autre, qui occupent la largeur de chaque fenêtre, soit en haut, soit en bas. Chacune de ces coulisses porte un châssis qui glisse de droite à gauche, et qui est formé avec des règles de deux pouces, espacées à deux pouces d'intervalle, telles qu'on le voit dans la *planche IV, fig.* 8. Au devant de ce châssis glisse un autre châssis de même espèce, dont les vides sont seulement un peu moindres que les pleins. Ce second châssis glissant devant le premier, peut le fermer entièrement, ou à moitié, ou ne le fermer point du tout, suivant qu'on fait correspondre plus ou moins les pleins avec les vides. Par-là on est maître de distribuer le courant d'air, de l'admettre, l'exclure ou le modérer à volonté. On voit dans la *planche IV* une croisée D, dont les châssis sont à moitié fermés; et au-dessous de la croisée, on voit le plan des deux châssis et de leurs coulisses en E.

Du travail des étendoirs, et des attentions qu'on doit y apporter.

331. L'une des deux femmes qui sont chargées d'étendre le papier, va chercher, comme nous l'avons dit, l'ouvrage d'une selle à la chambre du collage, et le place entre elles deux sur une selle. La jeteuse détache une à une ces feuilles mouillées de dessus le ballon, avec une adresse qui surprend ceux qui en sont les témoins, quelquefois en soufflant, quelquefois avec une légère secousse, prenant toujours la feuille par le bon carron, c'est-à-dire par le coin que le leveur a déjà marqué de ses doigts. Quand la jeteuse a détaché avec la main une feuille jusqu'au milieu, l'étendeuse baisse et approche son ferlet sur le milieu de la feuille, que la jeteuse renverse sur le ferlet; alors l'étendeuse relevant doucement le ferlet, passe la feuille sur une corde qu'elle tenait de l'autre main.

332. Si la jeteuse glisse la main trop vite sous la feuille qu'elle sépare du ballon, elle y fait un trou fort aisément; si elle jette la feuille sur le ferlet, avant qu'il soit bien droit et rangé sur le milieu du ballon ou des ramettes, elle casse une des rives; si elle enlève deux feuilles à la fois, et qu'on les laisse sécher ensemble, elles se collent de manière à ne pouvoir presque plus se séparer : elles sont communément perdues toutes deux.

333. Lorsque la jeteuse casse son carron, elle *soude sur couture* ; c'est-à-dire qu'elle en rapproche les bords, les serre entre ses deux doigts, et les aplatit avec l'ongle du pouce. On les réunit à la vérité ; mais les marques y restent toujours, et forment des *pieds-de-chèvres*.

334. L'étendeuse doit observer de son côté de bien ranger le ferlet, de ne le retirer que quand la feuille porte bien également sur la corde par ses deux rives, de ne pas égratigner la feuille en retirant le ferlet, de ne pas trop approcher une feuille de l'autre, ce qui double les rives et forme des *chaperons*.

335. On ne doit jamais discontinuer une ramette lorsqu'elle est commencée ; les feuilles deviendraient trop sèches, et l'on en casserait beaucoup. Toutes les opérations de l'étendoir doivent se faire de jour, autant qu'il est possible, parce qu'en y portant des lumières, les accidens du feu y seraient trop à craindre.

336. Lorsque les feuilles sont sèches, papier collé ou non collé (car, comme nous l'avons dit, il y a des papeteries où l'on ne colle point), les femmes vont le retirer de dessus les cordes, comme on le voit en D (*pl. VIII, fig.* 3). On prend les feuilles de la main droite une à une ; avec une petite secousse de la main, on les amène l'une sur l'autre ; et lorsqu'on en tient cinq à six, on les rabat sur le bras gauche par un seul mouvement : c'est ce qu'on appelle encore faire des *poignées*. Lorsque le bras est chargé d'une poignée, on la dépose debout, comme cela se voit en B, et ensuite on porte tout dans la chambre du lissoir.

De la salle du lissoir.

337. Les *poignées* se déposent d'abord dans la chambre du *lissoir* ; le saleran les déplie en les foulant du coude et de la main pour les aplatir et les préparer à être mises en presse, après quoi il en fait des *piles* jusqu'au plancher de la salle, et le papier y demeure en attendant qu'il soit mis en presse.

338. Dans la chambre du lissoir, ou dans une chambre voisine, on a sept à huit grandes presses, plus ou moins, suivant la grandeur des travaux d'une manufacture ; elles ne diffèrent point des presses dont nous avons donné la description §. 260. Là, dix ou douze hommes mettent les poignées sous les premières presses ; et les ayant foulées très-fortement, ils les laissent en cet état pendant douze heures. Après cela ils les retirent et les secouent sur de grands bancs faits exprès, qui sont proche des presses, afin de séparer les feuilles qui tiennent les unes aux autres ; puis on les remet incessamment sous d'autres presses, où on les tient encore pressées de la même façon pendant douze heures. C'est alors qu'on les reporte à la chambre du lissoir pour y recevoir la dernière perfection.

339. Les ouvriers qui travaillent au *lissoir* ou au *pliage*, s'appellent, en

Angoumois, les *salérantes* ou *saleranes ;* en Auvergne , *lisseuses* et *trieuses ;* ailleurs on les appelle *éplucheuses (pl. IX , fig.* 2). On voit dans le lissoir deux tables assez larges pour qu'on puisse travailler à la fois des deux côtés, et couvertes de cuir. Une planche élevée de champ dans le milieu d'un bout à l'autre de la table, sépare les lisseuses, et empêche tout à la-fois la confusion de l'ouvrage et la dissipation des ouvrières : on y voit aussi un chandelier pour le travail de l'hiver.

Différentes manières de lisser le papier.

540. On lisse à la main le papier qui pèse moins de dix-huit livres la rame. Les lisseuses debout, tiennent à la main une pierre qu'on nomme *lissoir*, et qui pour l'ordinaire est un caillou, c'est-à-dire, une pierre à fusil *(silex),* ou une pierre noire, dure et vitrifiable comme le *silex*, de trois ou six pouces de long sur deux et demi de large et un pouce d'épaisseur. La base est taillée en *chanfrain* ou *biseau*, c'est-à-dire, en forme de plan incliné, pour pouvoir glisser plus aisément sur le papier sans l'écorcher ; et le haut de la pierre , qui se tient avec la main, est arrondi en forme ovale.

541. Chaque feuille de papier se déploie de toute sa longueur sur une peau de chamois ou un cuir de mouton tanné, qui est attachée sur le bord de la table, et qu'on peut rabattre en devant lorsqu'on ne s'en sert pas. La lisseuse passe fortement son lissoir sur toute la feuille, et cela des deux côtés, en le poussant presque toujours en avant. Une femme peut lisser ainsi par jour six rames en couronne (74).

542. Suivant l'ancien usage , on passait le lissoir légèrement de tems à autre sur un morceau de suif de mouton, placé dans quelque trou de la table. Les réglemens ont défendu cette pratique avec raison : on sait que le suif empêche l'encre de s'attacher au papier, et retarde l'écriture , en obligeant de revenir deux fois sur une même lettre. Nous en voyons souvent la preuve lorsque nous écrivons sur des cartes à jouer , qui encore actuellement sont lissées avec du savon ou de la graisse. Cependant la défense n'a pu abolir l'usage de la graisse dans les papeteries, parce qu'il est difficile de faire glisser la pierre sans ce moyen.

543. Pour ce qui est du grand papier , on ne l'a jamais lissé qu'au mar-

---

(74) Il est surprenant que, dans cette foule de réglemens utiles, faits pour les manufactures de papier, on ait laissé subsister l'usage de lisser à la pierre. Tout le monde convient que les marteaux à lisser, ou les cylindres, sont infiniment préférables, parce qu'ils préparent vingt fois plus de papier, et qu'ils le lissent mieux. On a ordonné dans plusieurs états d'Allemagne, que l'on ne polirait plus à la main. Une secte de papetiers, qui ont conservé le nom de *polisseurs (Glätter)* , n'ont pas voulu se soumettre à cette sage innovation.

teau. Une grosse masse de fer, de cinquante livres au moins, telle que B (*pl. IX*, *fig.* 2), de deux pieds de haut sur quatre pouces d'équarrissage, est terminée par une base *b* de dix pouces en tout sens, qui forme comme la tête du marteau. Vers le haut de ce marteau, on voit en *c* un trou carré, par où il est emmanché dans une longue pièce de bois C, qui traverse en H le gros mur de la chambre. Ce marteau ne hausse et ne baisse que par le mouvement d'une roue que fait tourner l'eau du moulin ; en sorte qu'il frappe toujours exactement au même endroit, comme les martinets de grosses forges. Au-dessous du marteau, il y a en D une platine ou espèce d'enclume, qui est un gros tas de fer, de huit pouces sur cinq, encastré dans une pièce de bois de chêne, qui est enfoncée dans la terre. La platine est noyée dans ce *billot* à fleur ou d'arasement, en sorte que le bois et le fer ne font ensemble qu'une seule surface ; elle est couverte de trois à quatre feuilles de gros papier attaché sur le bois par de petits clous. Cette plate-forme est ordinairement située au niveau même du plancher ou du pavé de la chambre ; et vis-à-vis on pratique un enfoncement dans lequel se place l'ouvrier qui a soin de ce travail ; tout de même que se place le monnoyeur ou celui qui met et retire les pièces de dessous le balancier des monnaies. Tout le travail de l'ouvrier que l'on voit en A, consiste à tenir des deux mains trois à quatre cahiers de grand papier plié, chaque cahier de cinq à six feuilles, qu'il présente et tient assujéti sous le marteau jusqu'à ce que les coups aient parcouru toute la surface des feuilles. Alors on retire ce cahier de dessous, c'est-à-dire, celui qui touchait à la platine, et l'on en met un nouveau au-dessus de ceux qui restent, c'est-à-dire immédiatement sous le marteau. Par ce moyen, chacun des six cahiers se trouve successivement à chacune des six places. D'abord il reçoit directement l'action du marteau, puis il est recouvert d'un, ensuite de deux, de trois cahiers ; et quand il est arrivé à la dernière place, on le retire. Si on lissait au marteau toutes les espèces de papier indifféremment, on épargnerait les trois quarts des lisseuses ; car un marteau à l'eau peut battre quatre-vingt rames par jour, et n'exige que deux ou trois saleranes.

344. Quoique l'apprêt ordinaire de nos fabriques se donne avec un marteau de fer, on doit convenir que cette mécanique ne produit qu'une opération imparfaite, sur-tout pour les grands papiers. On y voit les coups de marteau ; un côté est trop uni, l'autre trop peu ; tantôt le papier s'y affaiblit, s'ouvre, quelquefois même on dirait qu'il se décolle.

345. Un des mémoires présentés à l'Académie de Besançon, parle d'une machine construite d'un autre goût, qui a beaucoup de rapport au bélier dont on se sert pour battre les pilotis. Elle consiste en deux grandes plaques bien dressées et bien polies, dont l'une est fixe, l'autre mobile entre des coulisses. Ces plaques comprennent toute la grandeur du papier que l'on veut

lisser ; en sorte qu'on n'aperçoit dans les parties de la feuille aucune irrégularité, aucune différence : on verra plus bas un laminoir qui nous paraît bien préférable à cette mécanique (§. 349).

346. Il y a des manufactures où on lisse le papier avec un simple marteau à la main, à la façon des relieurs ; dans d'autres, on soulage la main au moyen d'un arc qui soutient le marteau, et évite à l'ouvrier la peine de le relever.

347. A Montargis on a fait construire un cylindre de bois, dont la circonférence est garnie de quelques lèves, chevilles ou mentonnets. Ce cylindre se tourne à la main avec une manivelle ; et chaque lève rencontrant la queue du marteau l'oblige de frapper sur le padier. Cette petite machine est dans la salle du pliage ; on la comprendra parfaitement sans le secours du développement ou des détails.

348. Il y a des cas où l'on se sert aussi d'un rouleau ou cylindre de fer bien poli, emmanché à l'extrémité d'une longue tringle de bois qui appuie fortement contre le plafond, et que l'on promène des deux mains sur le papier. C'est aussi la manière de lisser le carton.

349. Nous avons lieu de croire qu'en Hollande on lisse le papier en le faisant passer de force entre deux cylindres, en forme de laminoir ; car on trouve dans les recueils hollandais dont nous avons parlé, §. 115, la *figure* d'un laminoir, qui se trouve en B (*planche IV*, *fig.* 9), vu de profil, et dont il ne paraît pas qu'on puisse faire d'autre usage. On voit le cylindre inférieur garni d'un rouet A, qui est conduit par une des roues du moulin. On a évité, par cette industrie, le travail de plusieurs hommes qu'il faudrait employer. A l'aide d'une manivelle, comme dans les presses à imprimer en taille-douce, le cylindre supérieur B peut s'élever plus ou moins, suivant le papier que l'on veut lisser, et il est assujéti par des coins CC, qui traversent les montans de la presse.

350. On ne lisse point en France le papier destiné aux imprimeries, parce que cette *façon* l'engraisse, c'est-à-dire, empêche l'encre de marquer ; mais aussi on le presse beaucoup plus fortement que l'autre, et cela lui tient lieu du lissoir. On s'aperçoit, il est vrai, que le papier qui a été trop lissé, quand même on n'y a employé que le marteau, ne prend pas l'encre assez facilement. L'encre a besoin, pour couler de la plume, d'une petite secousse ou espèce de vibration légère que les aspérités du papier lui donnent à chaque instant, et sans laquelle l'encre demeure à la plume. On éprouve tous les jours qu'il est difficile d'écrire sur une surface parfaitement lisse, comme est une glace de miroir.

351. Cependant la pratique de cylindrer le papier d'impression, s'emploie en Angleterre avec succès. M. Baskerville, qui s'est occupé à perfectionner l'imprimerie de Birmingham, fait passer tout le papier qui doit servir à

l'impression, et feuille à feuille, entre deux rouleaux d'acier qui sont parfaitement polis (*). Ce travail donne au papier, de la force, de l'éclat, une épaisseur égale et uniforme. M. Baskerville emploie des presses dont la platine et le tympan sont exactement parallèles à la forme et au marbre qui roulent sur le train de la presse, et les *blanchets* d'un drap très-fin et très-uni; en sorte que les caractères appuient également par-tout, et que le moindre effort suffise pour l'impression. Il emploie une encre très-fine, et qui prend aisément, même sur le papier lissé. C'est avec des précautions aussi scrupuleuses, qu'il est parvenu à donner au public des chefs-d'œuvre d'imprimerie.

Du travail des trieuses, et du choix des papiers défectueux.

352. Quand le papier est lissé, d'autres femmes qu'on nomme les *trieuses*, placées à l'extrémité de la même table, et le plus près du jour qu'il est possible, prennent chacune devant elle, environ une rame de ce papier lissé; et faisant un grand pli, ou, comme elles disent, une oreille à chaque feuille pour l'ouvrir plus facilement, elles les présentent au jour une à une, pour en découvrir les défauts, comme des ordures qui peuvent y être attachées, des aiguillettes, des bros, des boutons, des pâtons; elles les enlèvent avec un petit couteau qui sert à ralisser ce qui peut s'emporter, et qu'on appelle *épluchoir* ou *grattoir*. Lorsque ces bros sont un peu trop gros, ils écaillent et emportent la colle, et rendent le papier fluant. Aussi les plieuses sont-elles chargées de faire le triage, et de mettre séparément *le bon*, *le retrié*, *le chantonné*, *le court et le cassé*.

353. Le bon est celui dont les feuilles sont entières et intactes, c'est-à-dire où les trieuses n'ont rien trouvé à ôter qui ait pu laisser des points fluans ou vidés de colle, qui n'a ni châtaignes, ni gouttes d'eau.

354. Le retrié est celui qui est châtaigné ou taché d'eau, ou dans lequel on aura gratté quelques bros; ce qui le rend fluant dans certains endroits.

355. Le chantonné comprend les feuilles ridées, tachées de fer, ou tachées de colle, soudées, ou ayant des pieds-de-chèvres, dentelées, affaiblies, percées par le grattoir; le papier trop chargé de drapeau, c'est-à-dire, dont les feuilles sont nuageuses et bourrues, pour être provenu d'un chiffon mal délissé ou mal pourri; le papier broqueux ou broqueteux, dans lequel il y a des bros de pâte ou de gravier.

356. Le court est composé de feuilles qui, ayant été reverchées, ou dentelées sur les rives, sont plus courtes que les autres.

(*) Je tiens ce fait de M. de Ferner, correspondant de l'Académie, qui a voyagé en Angleterre, et dans les autres parties de l'Europe, pour enrichir la Suède, sa patrie, de mille connaissances utiles dans les sciences et les arts.

357. Le cassé est la dernière portion du papier ; il comprend les feuilles dont une partie considérable est percée, déchirée, ou hors d'usage ; en sorte que la feuille ne puisse pas servir toute entière.

358. Une salerante trieuse, dans sa journée, peut nettoyer et séparer jusqu'à dix rames de couronne, c'est-à-dire, un peu plus que le travail d'une cuve, qui n'est que de huit rames.

Des compteuses.

359. Les saléranes compteuses sont destinées à assembler le papier et à le mettre en rames. Ce sont toujours les saléranes les plus habiles que l'on destine à cet emploi, et celles qui ont la meilleure vue, afin qu'elles puissent contrôler l'ouvrage des trieuses.

360. Les compteuses vont prendre les journées des trieuses, et les apportent sur une table, en distinguant les cinq sortes de papier que les trieuses ont séparées ; et si le papier se trouve bien trié, elles l'assemblent par mains de vingt-cinq feuilles. Pour cet effet, la compteuse prend de la main droite les feuilles pliées, les examine, les dépose sur le bras gauche. Lorsqu'il y en a vingt-cinq, elle les voye, c'est-à-dire, les secoue, pour que rien d'étranger ne reste entre les feuilles, les range avec égalité ; elle donne un coup de pouce au milieu du bas de la main de papier, comme si elle voulait la plier par le milieu dans sa largeur : cela lui sert à connaître plus aisément le dessus de la main.

361. Quand la main est ainsi composée, la trieuse la pose devant elle, et continue ensuite d'y en ajouter d'autres, en distinguant les trois tas, du bon, du retrié, du chantonné. On met ensuite ces trois tas les uns sur les autres, pour les porter au saleran ou maître de salle. Le bon est au-dessus du tas, le chantonné au-dessous, et le retrié dans le milieu.

362. Pour distinguer les mains, on observe de les opposer *de dos à barbe ;* en sorte que, si l'on arrange six mains de bon, il y en aura trois mains qui auront leur dos à droite, et les trois autres auront leur barbe du même côté.

363. Le retrié se range de même, mais de deux en deux mains, pour le distinguer du bon ; et le chantonné se range de trois en trois. On met d'abord trois mains qui ont leur dos à droite, et ensuite trois mains qui ont leur dos à gauche. Une bonne compteuse peut fournir dix-huit à vingt rames par jour, s'il n'y a pas beaucoup à refaire dans l'ouvrage des trieuses.

Du papier court ou cassé, et de celui qu'on est obligé de refondre.

364. L'une des trieuses se charge du tas des papiers courts et cassés que les autres ont mis de côté ; elle nettoie le papier, l'épluche, enlève les rives

altérées, et le met en rames comme l'autre papier, ou en réserve quelques feuilles courtes pour mettre au dedans des mains du papier entier.

365. QUANT au cassé, lorsqu'il n'y a qu'une demi-feuille de gâtée, on sépare les bonnes demi-feuilles ; on en compose les cahiers de papier à lettre, de six feuilles, que l'on bat et qu'on met sous la ficelle. C'est ainsi qu'on évite la moitié du déchet des papiers cassés.

366. IL arrive aussi quelquefois que l'on sauve une moitié des demi-feuilles cassées. Ces quarts de feuilles se mettent par cahiers, et forment le *papier à poulet*.

367. LES quarts de feuilles, quoique défectueux, se vendent encore aux épiciers vingt à vingt-cinq livres le quintal, pour faire de petits sacs. Enfin on refond ce qui est absolument hors d'état de servir.

368. POUR refondre du cassé, on commence par le mettre tremper dans une cuve d'eau bouillante pour en emporter la colle, et on le fait repasser sous les molins, pour y être battu comme le chiffon, mais beaucoup moins long-tems. Si on le mêle avec de la pâte ordinaire, ce n'est que vers la fin de l'affinage, et de manière qu'il n'y soit qu'une heure, plus ou moins cependant, suivant sa qualité. Si l'on en a une grande quantité, on la met sous les maillets ou sous les cylindres éfilocheurs, pendant la moitié du tems qu'il faudrait à une matière nouvelle.

369. IL est presque impossible que la colle abandonne totalement le papier, malgré l'ébullition ; aussi les feuilles qui en proviennent sont souvent chargées de *bouteilles*, c'est-à-dire, de petites taches en forme de vésicules, qui proviennent de cette colle.

370. LE papier qui provient des matières refondues, descend à sa qualité inférieure ; car si le cassé a été papier fin, étant refondu, il ne produira que du papier moyen : et si c'est du papier moyen qu'on ait refondu, on n'aura que du papier bulle.

371. ON verra dans les réglemens qui seront rapportés plus bas, que tous les papiers défectueux ou mal conditionnés, sujets à la confiscation, doivent être remis dans le moulin, et employés comme matière.

Formation des rames.

372. LE saleran, ou maître de salle, qui est chargé de donner l'*armure* ou enveloppe au papier, et de le mettre sous la ficelle, le met d'abord en presse pendant douze heures ; il en faut vingt-quatre ou même quarante-huit, si ce sont les grandes sortes de papier. Si, lorsqu'on le retire de la presse, il paraît trop dur au toucher, on l'y remet de nouveau.

373. LE saleran prend ensuite chaque main de papier, et avec de grands

ciseaux de dix-huit pouces de long , dont une des branches est fixée dans la
table , il rogne les trois rives de la main de papier. Il peut alors , sans inconvénient , mettre quelques feuilles de papier court pour le dedans de la main,
parce qu'en l'ébarbillant , les feuilles extérieures se trouvent de niveau avec
les intérieures, quoique plus courtes d'environ l'épaisseur d'une main de papier. Un saleran peut ébarbiller dans la journée quarante rames en couronne.

374. Dans la formation des rames , on fait entrer des mains de papier
bon , de retrié et de chantonné. Une rame, pour être bien marchande, doit
contenir huit mains du bon , huit de retrié , et quatre seulement de chantonné, pourvu qu'il ne soit pas défectueux et hors de service. De ces quatre
mains on en met trois dessous et une dessus la rame , pour supporter l'impression de la ficelle. Quand les rames sont faites, on les met sous la presse
pendant douze heures , ou plus encore , si on en a le tems. Le lendemain ,
on retire ces rames de dessous la presse ; on les plie dans deux feuilles de maculature; on les ficelle en croix , et l'on marque sur l'enveloppe l'espèce du
papier , comme *grand raisin . petit cornet* , etc. , la qualité , *fin , fin double,
moyen , bulle* , ou *vanant;* le nom du maître fabricant , et quelquefois celui
de la province ou de la généralité.

375. Dans une manufacture où il y a beaucoup plus de papier retrié
et chantonné que du bon , alors on compose des rames qui ne sont que de
papier retrié ; mais on fait un petit nœud au bout de la ficelle ; afin de les
faire distinguer.

376. Pour le papier à la main , le petit à la main , et plusieurs qualités en
bulle et au pot ; on n'emploie qu'une seule maculature, on laisse la haute et
basse rive à découvert , et on lie la rame à un seul tour de ficelle , et non pas en
croix. C'est ainsi qu'on distingue ces papiers d'avec les fins et les moyens.

377. L'usage s'était introduit de ne donner que vingt-quatre feuilles à la
première et à la dernière main de chaque rame , et de faire même ces deux
mains de qualités défectueuses; mais les réglemens y ont pourvu , comme on
le verra ci-après.

378. Le papier en rame se met encore sous la presse ; il ne peut que gagner
à y revenir souvent et y demeurer comprimé. La presse est le fard du papier ;
elle lui donne de la consistance , le rend plus cartonneux et en même tems
plus uni : aussi a-t-on dû remarquer que la presse est l'instrument dont on fait
le plus d'usage dans la fabrication du papier ; il y revient dix fois. Il serait
utile d'avoir des presses de fer , qui donneraient plus de force , et seraient
moins sujettes à l'usure.

379. Après toutes ces manipulations, le papier est enfin porté dans un
magasin bien sec. Il peut y être gardé long-tems sans rien perdre de sa qualité;
il n'en devient même que meilleur pour l'usage. S'il avait été cependant mal

séché et plié trop humide , il serait exposé à se *piquer* , c'est-à-dire , se tacher ; mais ces taches n'attaquent pas la substance du papier, et elles n'ont pas lieu si le papier a été plié après une exsiccation suffisante. Dans ce cas il devient encore plus sec et plus fort avec le tems. *Ancien papier , nouvelle encre* , dit un proverbe ; et les proverbes sont souvent des maximes utiles, dictées par la réflexion et par l'expérience.

380. En examinant la suite des opérations qui donnent enfin du papier, on voit qu'une feuille doit passer plus de trente fois par les mains des ouvriers, et environ dix fois par les presses. Cependant le papier est une marchandise assez commune, par la vîtesse de chaque opération et le secours des machines qu'on y emploie. C'est ainsi qu'une épingle éprouve dix-huit opérations différentes avant d'entrer dans le commerce ; elle y coûte encore moins à proportion que le papier, et ne laisse pas d'enrichir ceux qui en font le commerce.

Du papier coloré.

381. L'usage qui s'est introduit d'employer du papier de couleur dans le commerce , pour envelopper certaines marchandises , fait qu'on est obligé d'en fabriquer dans les manufactures, indépendamment de celui qui se peint à la brosse et qui dépend de l'art des *enlumineurs*. On choisit pour cet effet la pâte du papier bulle ; et lorsqu'elle est bien pilée dans les pilons-florans ou cylindres affineurs, on ferme l'issue de la fontaine de la pile pour empécher l'eau d'en sortir ; on détourne aussi l'eau qui arrivait dans la pile , et l'on y met une teinture bien délayée de tournesol , de pastel , ou même un peu d'indigo , si le papier est d'une certaine finesse. On fait en Auvergne du papier bleu qui sert à envelopper les dentelles en Flandre , et on mêle, pour le former , de la pâte d'ouvrage moyen avec de la pâte de bulle , parties égales. A l'égard du bleu grossier qui sert à envelopper du sucre , des cierges, etc. , on emploie les pâtes rousses ou brunes les plus grossières.

382. La couleur que l'on emploie en Normandie , est une dissolution de bois-d'Inde , avec un peu d'indigo, que l'on jette encore chaude dans la cuve même de l'ouvrier.

383. Nous avons dit (§. 292) que l'on mettait quelquefois un peu de bleu-d'Inde dans la colle ; mais il n'y en a pas assez pour faire du papier de couleur : ce n'est qu'une légère teinte.

384. A l'égard de la couleur bleuâtre du papier de Hollande, voyez §. 401.

385. Les papiers de couleur ne se fabriquent point pendant l'hiver, parce que la gelée altère la teinture.

13

De l'influence des saisons.

386. On travaille au papier dans tous les tems de l'année. Le papier fin se fait mieux en hiver, la gelée le blanchit ; il est cependant un peu plus ferme, lorsqu'il n'a pas éprouvé la gelée.

387. La saison influe tant soit peu sur la grandeur du papier : en hiver, il s'étend un peu au-delà de la forme, au lieu qu'en été il se resserre. Aussi les réglemens ont-ils laissé quelques lignes de remède au-dessus et au-dessous des grandeurs qui sont fixées à chaque qualité de papier. M. de Réaumur trouva, par ses expériences (75), que le papier, lors même qu'il est fini et plié, s'allonge, si on le mouille, d'une sixième partie toute entière : ainsi il n'est pas étonnant que le papier, tandis qu'on le fabrique, éprouve aussi l'influence de l'humidité et de la sécheresse. S'il sèche peu à peu et lentement, il se raccourcira bien moins que s'il sèche trop vîte, car le vent qui saisit le papier, le racornit et le crispe.

388. Si la matière est fort courte, fort pourrie et fort battue, elle se resserrera aussi dans la dessication sensiblement plus que si elle est encore fibreuse.

389. A l'égard de la colle, on a vu (§. 317) que la saison n'est point indifférente, et qu'il y a au contraire beaucoup de précautions à observer sur le tems propre à cette opération.

Observations sur le papier de Hollande.

390. L'Europe entière tirait de France, il y a environ un siècle, la plus grande et la plus belle partie de son papier ; mais soit que cet Art ait été négligé parmi nous, soit que les Hollandais aient fait des efforts plus heureux que les nôtres, ils sont venus à bout d'en faire le plus grand commerce ; cependant il n'y en avait presque pas de fabriques chez eux au commencement du siècle. Nous voyons qu'en 1723, ils s'approvisionnaient en France par les ports de Saint-Malo, de Nantes, de Bordeaux et de la Rochelle (*) ; et ils en tirent encore beaucoup de ce royaume, soit pour leur consommation particulière, soit comme facteurs de presque toute l'Europe.

391. La beauté des papiers fins de Hollande, et peut-être leur cherté ont fait toujours désirer aux Français de pouvoir les imiter. Les uns ont cru que les matières premières en faisaient toute la différence ; d'autres, au contraire, sachant que les Hollandais tiraient beaucoup de chiffons de la France pour l'employer à leur papier, ont jugé que la manière de le fabriquer suffisait

(75) Voyez *Mémoires de l'Académie,* année 1714.

(*) Trésor historique et politique du commerce des Hollandais, Commerce d'Amsterdam, par Ricard.

seule pour lui donner toutes les qualités que nous lui connaissons. Il nous
paraît cependant très-clair qu'il faut le concours de l'un et de l'autre, savoir,
la plus grande attention dans le délissage, et la plus grande perfection dans
le travail du moulin et de la cuve, pour produire le beau papier, peut-être
encore le laminoir dont nous avons parlé §. 349.

392. Si le papier fin de Hollande passe pour être plus beau que celui de
France, il n'est assurément pas aussi bon : il se coupe lorsqu'on le plie, il se
déchire lorsqu'on le roule. Il ne peut soutenir l'impression; les caractères le
percent, sur-tout quand ils sont neufs et aigus. Il ne peut soutenir la re-
liûre ; les opérations de la dent de loup suffisent pour l'endommager.

393. Le papier de Hollande a un œil plus doux, plus fin, plus uni, plus
transparent; cela vient de la matière qui le compose, savoir, comme nous
l'avons dit, des chiffons de belle toile de lin, mieux triés et sans mélange.
La belle toile est si rare dans les provinces de France, que sur cent milliers
de chiffons, il s'en trouve à peine quatre ou cinq de superfin.

394. Le papier des Hollandais est plus épais, mieux fourni que le nôtre,
parce que les châssis des formes sont plus élevés, qu'ils mettent beaucoup
plus d'eau dans leur pâte, et promènent moins. Cette épaisseur leur est nécessaire, à cause du peu de tenacité qui reste à leur pâte, lorsqu'elle a été
excessivement broyée ; car les cylindres broyent et atténuent bien plus que
les maillets.

395. On opère en Hollande avec plus de lenteur, plus de soin, plus de
précautions. L'opulence des fabricans, la frugalité des habitans, la médiocrité de l'intérêt de l'argent, tout cela forme autant de raisons qui doivent
rendre leurs manufactures plus parfaites que les nôtres.

396. Les Hollandais sont extrêmement jaloux des moindres avantages de
leurs manufactures; ils défendent, sous peine de la vie, la sortie des formes
qui servent à faire le papier, et qui se fabriquent chez eux.

397. Il n'est pas difficile de juger, en voyant le papier de Hollande, que
dans ce pays-là les cadres ou couvertes des formes ont plus d'épaisseur que
chez nous : il y faut par conséquent plus de tems pour égoutter le papier ;
et peut-être qu'un ouvrier n'y fait que trois ou quatre rames de papier par
jour, au lieu de huit que nous faisons en France. Au reste, ce que nous
avons dit en parlant des qualités du papier de Hollande, doit s'entendre seulement de ceux qu'ils donnent pour superfins, tels que les papiers marqués
grand cornet, pro-patria, armes-de-Bretagne, armes-de-Venise; car il s'en
fait en Hollande, de toute espèce : plusieurs sont beaucoup au-dessous de
nos papiers d'Auvergne en pâte fine, tels que la couronne fine double, l'écu
fin double, la tellière, la romaine, le petit raisin, le griffon fin double, qui
se font à Thiers, à Ambert, à Tance, à Annonai.

13.

398. Il y a aussi, dans les beaux papiers de Hollande, un certain velouté agréable à la vue, qui vient de ce que les matières y sont moins lavées, quoique broyées plus long-tems. Les Hollandais, n'aspirant pas à cette blancheur de neige que nous cherchons en France, n'ont pas besoin de laver, c'est-à-dire, de renouveler l'eau en laissant le chapiteau ouvert pendant un si long tems ; car c'est là ce qui augmente la blancheur. Dès-lors ils perdent moins de cette matière fine, cotonneuse et veloutée, qui rend le papier moëlleux, et que l'eau entraîne à mesure qu'elle se forme, se détache et se divise.

399. D'un autre côté, le papier de Hollande se coupe, et ne peut supporter l'impression aussi bien que le nôtre. Cela vient peut-être aussi de la qualité des eaux saumâtres de Serdam, où sont situées les papeteries hollandaises.

400. Le sel donne une certaine dureté aux parties du chiffon, qui étant d'ailleurs beaucoup plus broyées que chez nous, et conservant moins de liaison entr'elles, produisent cette facilité à se déchirer.

401. C'est par la même raison que le papier de Serdam ne pouvait pas conserver sa blancheur : il devenait jaune en peu de tems. Pour déguiser ce défaut, les Hollandais ont imaginé de mettre du bleu dans leurs matières, et l'on voit actuellement plus que jamais cet œil bleuâtre dans leurs papiers : ce n'est pas seulement un blanc de lait comme autrefois, c'est un blanc azuré, ou plutôt un bleu pâle.

402. C'est vers la fin de l'affinage qu'on peut verser dans la cuve à cylindre cette matière colorante, après avoir fermé les issues de l'eau ; mais l'opération de cette couleur est fort délicate : il faut que la teinture ait été très-clarifiée, filtrée, reposée, et qu'il n'y reste absolument aucune molécule qui puisse s'apercevoir sur le papier. Quelques expériences qu'on a faites en France sur cette manière de colorer le papier, ont fait voir qu'il n'était point aisé de distribuer parfaitement et uniformément la liqueur colorée dans toute la substance du papier.

403. Les Hollandais ne trouvent peut-être pas chez eux la dixième partie du chiffon qui s'y travaille. Celui qu'ils tirent de France, leur revient à plus de 38 liv. le quintal, monnaie de France, à moins qu'il ne passe en contrebande ; et puisqu'il ne vaut en France que huit à neuf livres, il est évident que la France pourrait avec avantage retirer à elle cette branche de commerce, si l'émulation et la persévérance des particuliers pouvait une fois concourir, avec les soins du gouvernement, pour la réforme de nos manufactures. C'est pour y contribuer autant qu'il dépendait de nous, que nous nous sommes étendus sur les différences et sur les qualités des papiers de France et de Hollande.

Etat des produits d'une papeterie.

404. Quoique les détails purement pécuniaires ne soient pas du ressort des physiciens qui considèrent les Arts, cependant ils tiennent trop à la perfection de ces mêmes Arts dans un royaume, pour qu'on doive les négliger; et nous avons cru qu'on verrait ici avec plaisir un état circonstancié de la dépense et des produits d'une papeterie, dans les provinces de France, avec les maillets ordinaires.

405. *Dépense.* Il faut, pour entretenir l'ouvrage d'une papeterie (76) pendant l'année, sans interruption; 600 quintaux de chiffons: mettons-les à 8 livres, quoiqu'on les ait souvent à 6 liv. et même à 4 liv. . . . . liv. 4800

406. Les 600 quintaux, après avoir été triés et pourris, se réduiront aux deux tiers, ou 400 quintaux, qui fourniront 5000 rames de papier, grand format, c'est-à-dire, 400 quintaux de papier.

407. La colle étant à raison d'une livre par rame, 5000 livres à 7 liv. le quintal 210

200 livres d'alun, à 20 liv. le quintal 40

75 aunes de drap, à 40 sols l'aune 150

408. Le maître du moulin, faisant les fonctions de saleran, n'a besoin que de quatre ouvriers, savoir, un gouverneur et trois compagnons de cuves, à 120 liv. de gages, et 12 sols par jour de nourriture. 1356

409. Trois femmes pour laver et préparer les chiffons, avant de les pourrir, 45 liv. de gages et 6 sols par jour 463

Bois, charbon. 150

Entretien de l'usine, graisse et savon. 100

Total de la dépense. 7269

410. Les matières propres pour la colle se trouvent également dans toutes les provinces; mais l'Auvergne seule en épuise plusieurs. Les papeteries de la Franche-Comté et des autres provinces circonvoisines n'ont guère que le rebut, qu'ils paient jusqu'à 3 ou 4 liv. le quintal, même en estimant très-peu le papier qui en provient, et que l'on prend en paiement.

411. *Produit.* On suppose 300 jours ouvrables dans l'année, puisqu'on ne chomme dans ces sortes de manufactures que les dimanches et fêtes princi-

(76) Cela doit varier suivant le nombre des cuves. Ici, il s'agit d'une papeterie à une seule cuve.

pales. Chaque jour on peut faire dix rames de papier, grand format, du poids de 12 à 14 livres ; c'est-à-dire, pendant l'année 3000 rames.

    200 quintaux de matière font 1419 rames du poids de 14 livres, première qualité, à 5 liv. la rame.   7145

    133 quintaux font 1111 rames du poids de douze liv., seconde qualité, à 4 liv. la rame.   4444

    67 quintaux font 1111 rames, petit format du poids de six liv., à 30 sols la rame.   1666

Total du produit de 400 quintaux de matière   13255

412. Ainsi l'on voit qu'une cuve et un moulin peuvent rendre environ six mille livres de revenu, en supposant qu'on y travaille avec exactitude et avec succès. L'expérience prouve à la vérité qu'il se fait plus d'un dixième de *cassé* ou de papier défectueux, même dans une bonne papeterie, beaucoup plus dans les mauvaises ; mais il reste encore de quoi exciter suffisamment l'émulation des fabricans de papier.

413. Suivant le calcul fait dans d'autres établissemens, il paraît que 300 quintaux de chiffons, matière brute, donnent 250 quintaux de papier, et qu'une cuve n'emploie que 300 quintaux de chiffons ; d'où il suit qu'elle ne doit fournir que 250 quintaux de papier, au lieu de 400 que donne le précédent état.

414. Le prix moyen du papier, pris dans les fabriques, le fort portant le faible, est de 2 sols 4 deniers la livre (le papier bulle n'est qu'à 5 sols et demi). Ainsi, suivant ce calcul, une cuve ne pourrait vendre chaque année, que pour 10400 liv. de papier.

415. Supposons donc qu'une cuve puisse consommer par année trois cents quintaux de chiffons non délissés : ce qu'un royaume, tel que la France, peut fournir de chiffons, sera capable d'entretenir environ mille cuves. Suivant un relevé fait dans les bureaux de la Franche-Comté, il en sort, année commune, 8000 quintaux, sans compter 8000 qui se consomment dans les fabriques de cette province : or, la Franche-Comté ne peut guère être estimée que la vingtième partie de la France : ainsi il y a au moins 300 milliers de quintaux de chiffons à recueillir en France chaque année. D'où il paraît qu'il en doit passer considérablement chez l'étranger ; car il n'y a pas actuellement 400 cuves où l'on travaille continuellement dans le royaume ; c'est-à-dire, à peine la moitié de ce qu'il pourrait y en avoir (77).

(77) Le nombre des cuves a augmenté en France depuis dix ans, jusqu'à l'époque de l'impôt mis sur les papiers blancs, qui a fait abandonner un grand nombre de papeteries.

Remarques sur les papiers de différens pays.

416. L'ART de la papeterie ayant été perfectionné en Hollande et en Italie, vers la fin du dernier siècle, nos fabriques n'eurent plus la même consommation, la même exportation qu'auparavant : dès-lors on vit les unes cesser entièrement, les autres se négliger. Il y avait anciennement 400 papeteries en Angoumois et en Périgord, où l'on n'en compte plus que cent aujourd'hui. La perfection a déchu aussi bien que la consommation, mais il est toujours tems de faire des efforts pour y remédier : c'est dans cette vue que nous allons faire quelques observations sur les papiers qui se fabriquent en diverses provinces de France.

417. LA province d'Auvergne est, de toutes les provinces de France, celle dont le papier mérite la préférence, soit pour l'écriture, soit pour l'impression. Les deux villes principales où abondent les manufactures de papier, sont Thiers et Ambert, distantes l'une de l'autre de sept lieues. La première l'emporte, dit-on, pour le papier d'écriture, la seconde pour le papier d'impression.

418. LA différence que nous faisons ici entre ces deux sortes de papier, ne vient guère que de la colle, qui n'est pas communément aussi parfaite à Ambert qu'à Thiers. De-là vient que le papier d'Ambert s'emploie beaucoup à l'impression, où il n'est pas essentiel d'avoir un papier parfaitement collé, tandis qu'on préfère les fabriques de Thiers pour le beau papier à écrire, qui doit être le mieux collé.

419. CETTE différence dans les qualités de la colle, qui produit celle du papier, vient elle-même des eaux dont on est obligé de se servir dans les fabriques. L'eau qu'on emploie à Ambert y tombe immédiatement des montagnes ; elle est plus vive, et plus nette : souvent elle fait le papier plus blanc qu'à Thiers ; mais elle cuit et dissout, ou forme la colle moins bien que l'eau de rivière qui s'emploie à Thiers, et contient plus d'air et de sels.

420. COMME cette circonstance a tourné depuis long-tems les vues des fabricans de Thiers vers le papier d'écriture, celui où l'on est le plus difficile, ils emploient plus de soin dans leurs fabriques ; leurs matières sont mieux choisies, leur papier plus beau est aussi plus cher d'environ ¼. Les fabricans y sont plus riches : c'est ainsi que leur supériorité s'est accrue et se soutient encore.

421. LES papiers d'Angoumois sont bons pour l'impression, supérieurs mêmes à ceux de Limoges ; mais une grande partie se vend à Bordeaux, d'où il est exporté en Hollande.

422. Le Languedoc fournit aussi une quantité de papier pour les provinces méridionales de France, et pour le commerce maritime.

423. Il y a plusieurs belles fabriques à Annonai, sur les confins du Vivarais et de l'Auvergne ; on y fabrique le plus beau papier d'écriture, trèsblanc, très-mince, très-bien collé ; il se vend plus cher d'environ un quart que celui d'Ambert.

424. Aux environs de Limoges et de S. Léonard qui en est à quatre lieues, on trouve un grand nombre de papeteries qui se sont multipliées surtout depuis dix ou douze ans. Elles appartiennent, pour la plupart, à des particuliers qui n'y résident point, et qui en confient l'administration chacun à un maître-valet, qui rend compte au propriétaire de la fabrique. Aussi jusqu'à présent leur commerce ne roule guère que sur le papier d'impression : il est peu collé, moins blanc qu'en Auvergne, et d'une qualité inférieure. Le papier fin du Limousin n'est presque que comme le moyen d'Auvergne, et le moyen de Limoges comme le bulle qui se fait à Ambert : mais le bulle de Limoges ne vient pas à Paris, il se consomme dans les provinces du Limousin et de Guyenne.

425. Il y a en Normandie, aux environs de Rouen et de Caën, un assez grand nombre de moulins à papier ; on y fabrique du papier fin pour les besoins de la province ; il s'en répand même un peu au-delà : mais à l'égard du papier bulle servant aux enveloppes de marchandises, la vallée de Rouen en fournit Paris presque en entier, et de toutes les sortes, comme *raisin bleu, raisin rouge, dard bleu, joseph bleu, joseph fluant, main brune, étresse, papier à bougie, papier à demoiselle, papier à sac, bas à homme, bas à femme*, etc. Nous en parlerons à la suite du réglement. On jugera de l'étendue de ce commerce par le nombre des moulins : dans la simple étendue de trois lieues aux environs de Rouen, il y a trente-quatre moulins à papier, et vingt autres dans l'étendue d'environ quinze lieues ; mais les fabricans y sont peu riches pour la plupart, et c'est un très-grand obstacle à la perfection de ces manufactures.

426. Un arrêt du conseil, donné au mois de février 1748, qui établissait sur le papier et sur les cartes des droits considérables, fit tomber plusieurs de ces fabriques de Rouen : les fabricans se dégoûtèrent ; les ouvriers passèrent chez l'étranger : en vain on supprima les droits peu de tems après, la désertion ne pouvait pas se réparer.

427. Nous avons parlé fort au long, de la belle manufacture de Montargis ; elle fut établie il y a environ vingt ans, avec toute la magnificence et tous les soins imaginables. M. Micault d'Harveley fut le principal propriétaire, et M. Duponty le principal conducteur de l'entreprise. M. Camus, de l'Académie royale des Sciences, y donna tous ses soins : elle fut établie de manière à entretenir trente cuves ; mais les eaux du canal de Briare étant les seules qu'on ait pu avoir, il en naît des obstacles, sans lesquels cette manufacture serait peut-être une des plus belles de l'Europe, la disette d'eau et la qualité de l'eau.

428. Le canal de Montargis , pendant une partie de l'année , n'a pas assez d'eau pour la navigation ; la manufacture n'en peut tirer au-delà d'une certaine quantité qui a été convenue , et la manufacture jouit à peine de cette petite quantité qui pourrait faire aller huit cylindres.

429. A l'égard de la qualité, l'eau y est souvent fangeuse, chargée de limon ; elle produit un papier broqueteux ou graveleux, qualité qui s'aperçoit à l'écriture, quelquefois même à l'impression ; car de petites pierres engagées dans la substance du papier, peuvent percer la feuille lorsqu'on vient à battre des livres dans l'atelier du relieur. Au reste, il y a des tems où cet inconvénient se fait à peine remarquer ; d'ailleurs le papier de Montargis est blanc, fin, bien collé ; et il y a lieu d'espérer qu'on parviendra à clarifier les eaux , de manière à ne laisser absolument rien à désirer pour la qualité supérieure de ce papier (78).

430. On compte en Franche-Comté vingt-sept papeteries, et en tout environ trente cuves, la plupart situées au pied des rochers, où elles reçoivent des eaux vives et claires , et pourraient devenir très-parfaites , par l'exécution plus rigoureuse des réglemens.

431. Il y a vingt-cinq ans que cette province fournissait beaucoup de papiers à la Suisse , au Lyonnais , outre la consommation intérieure de la province ; mais depuis quelques années la perfection et le commerce y ont diminué , plusieurs moulins manquent d'ouvrage , et la Suisse n'est plus obligée de s'y approvisionner.

432. Le canton de Berne et la principauté de Neuchâtel ont élevé quelques papeteries qui réussissent assez bien ; elles ont fait même beaucoup de tort aux fabricans de Pontarlier, qui voient leurs matières premières passer en fraude chez l'étranger, et sont obligés de payer à leurs voisins ce qu'ils fabriquaient eux-mêmes précédemment et avec succès (79). Le canton de Bâle a réussi de même à faire du papier assez estimé pour que les papeteries françaises qui en sont voisines , travaillent sous la marque de Bâle , afin de donner plus de crédit à leurs papiers (80.)

(78) On ne peut nier que l'on prend ici toutes les précautions possibles pour clarifier les eaux. Il serait à souhaiter qu'on sût les imiter dans plusieurs manufactures , où l'on néglige ces petites attentions, d'où dépend la perfection de l'art.

(79) Les papeteries de Franche-Comté fournissent encore des papiers à la Suisse et au Lyonnais ; mais les derniers droits mis sur les papiers d'impression , ont fait un tort considérable à cette branche de commerce. D'ailleurs, il faut convenir que le défaut de fonds nécessaires , empêche les fabricans de donner à leurs papiers la supériorité qu'ils pourraient avoir.

(80) Il y a dans le canton de Berne , et sur-tout dans la principauté de Neuchâtel , des papeteries qui sont parvenues à un certain degré de perfection. Elles réussiront encore mieux, si l'on y introduit quelques précautions nécessaires pour clarifier l'eau ; et particulièrement l'usage de la machine hollandaise, pour affiner la matière. Les papeteries de Bâle fournissent inconstable-

433. Les Espagnols possèdent actuellement plus de deux cents moulins à papier, qui en fournissent de très-bons.

434. Autrefois ils vendaient leurs matières aux Génois, pour acheter d'eux ensuite les papiers qui se consommaient en Espagne On remarqua en 1720, que cette dépense avait été à 500 mille piastres, c'est-à-dire, environ un million et trois quarts de notre monnaie (*). Pour remédier à l'abus, on défendit la sortie des chiffons (**) ; on veilla à faire observer la défense, et l'Espagne est parvenue à secouer en partie le joug de l'industrie étrangère. Cependant la compagnie de Montargis a encore vendu à Cadix du papier façon de Gênes, à très-haut prix.

435. Les Anglais, aussi attentifs qu'aucun autre peuple de l'Europe à se conserver les branches utiles de commerce, ont chez eux grand nombre de papeteries. Nous ne connaissons point le détail de leur exploitation ; mais une preuve de l'attention que le gouvernement y apporte, c'est le réglement par lequel il est défendu d'ensevelir les morts dans de la toile, comme cela se pratique par-tout. L'Angleterre épargne, au moyen de ce réglement, au moins deux cents milliers de chiffons par année ; car de huit millions d'habitans que renferment les îles Britanniques, il en meurt nécessairement toutes les années environ 200,000 ; et chaque sépulture emploierait un drap qui peserait au moins une livre.

Des réglemens qu'on a faits en France pour le commerce des vieux linges.

436. Par le tarif de 1664, le linge vieux, les vieux drapeaux, drilles et pattes furent imposées, à la sortie du royaume, à 6 liv. par quintal : ces droits furent doublés en 1687 ; mais, par des arrêts du conseil des 28 mai 1697 et 4 mars 1727, il y eut défense absolue de faire sortir hors du royaume aucune de ces matières servant à la fabrication du papier, sous peine de confiscation et d'amende. Cette défense a subsisté long-tems ; cependant, par un arrêt du conseil du 8 mars 1733, la liberté a été rétablie moyennant dix écus par quintal pour le droit de sortie. A ce prix là il n'y a rien à perdre pour la France à laisser sortir les drapeaux ; car le droit surpasse trop considérablement la valeur de la chose, pour que l'exportation puisse nuire à nos manufactures, si ce n'est à cause de la fraude, qui est toujours considérable.

ment le plus beau papier que nous ayons en Suisse ; mais elles le tiennent à un prix très-haut, parce qu'elles ne peuvent pas suffire aux commissions qui leur viennent de toutes parts. Je ne connais aucun papier de France, qui puisse entrer en comparaison avec celui-là.

(*) La piastre de change à Cadix vaut 3 liv. 15 s. monnaie de France.

(**) Théor. du Commerce, ch. 85 et suiv.

437. C'est pour obvier à ces fraudes, que par un arrêt du conseil, du 18 mars 1755, il a été défendu de faire des magasins ou amas de vieux linges en aucuns lieux situés sur les côtes des provinces maritimes, ou à quatre lieues des bureaux de sorties; car, à la faveur des acquits à caution qui se prenaient pour porter de petites quantités de ces matières dans les villes frontières, on en faisait passer de plus fortes parties en fraude chez l'étranger, ce qui privait les manufactures de leurs plus belles matières. En même tems il a été ordonné que, lorsqu'on en transporterait par mer, les patrons de barque en feraient une déclaration exacte, et ensuite rapporteraient dans le délai qui leur serait prescrit, au bureau du départ, un certificat de débarquement pris dans le lieu de la destination.

438. A l'égard du commerce intérieur de ces matières dans le royaume, il a été rendu parfaitement libre par un arrêt du conseil, du 10 septembre 1756, qui permet à tous les fabricans de papier de tirer indifféremment de toutes nos provinces les matières propres à la fabrication de ces papiers, sauf les droits de sortie qui ont lieu pour les provinces du royaume réputées étrangères. Cette liberté intérieure dans un état, est en général un des plus puissans secours que la sagesse du ministère puisse donner à l'industrie, pour accroître le commerce et l'opulence, pour faire participer tous les sujets de l'état à l'équilibre et au bonheur général.

Réglemens pour la fabrication du papier en France.

439. Nous avons négligé de rapporter sous chaque opération les choses qui ont été jugées assez nécessaires pour être prescrites par les réglemens, sous différentes peines; parce qu'ayant exposé toute la perfection dont l'art est susceptible, il a fallu parler presque toujours de précautions encore plus grandes que celles des réglemens; mais nous allons les rapporter ici dans leur entier, en y joignant quelques notes sur les articles qui en seront susceptibles. Plusieurs articles pourront paraître inutiles à l'objet que nous nous sommes proposé; mais en les séparant du total, nous aurions craint de défigurer un code qui, par son caractère de loi, doit être respecté et présenté tel qu'il est.

Arrêt du conseil d'état du roi, portant réglement pour les différentes sortes de papiers qui se fabriquent dans le royaume. Du 27 janvier 1739. Extrait des registres du conseil-d'état.

Le roi s'étant fait représenter, en son conseil, les réglemens ci-devant faits pour les différentes sortes de papiers qui se fabriquent dans le royaume,

14.

autorisés par arrêt du conseil du 21 juillet 1671, et autres réglemens et arrêts rendus depuis, concernant la fabrique desdits papiers (*a*); et Sa Majesté étant informée que les précautions prises par ces réglemens et arrêts, ne sont pas suffisantes pour assurer la bonne qualité des papiers, et qu'il est nécessaire d'y ajouter de nouvelles dispositions, pour porter cette manufacture à un plus haut degré de perfection; à quoi désirant pourvoir : ouï le rapport du sieur Orry, conseiller-d'état, et ordinaire au conseil royal, contrôleur-général des finances, le roi étant en son conseil, a ordonné et ordonne ce qui suit :

Art. I. A l'avenir, et à commencer du jour de la publication du présent arrêt, les drapeaux, chiffons, peilles ou drilles, destinés à la fabrication des différentes sortes et qualités de papiers qui se font dans le royaume, seront préparés de façon que lesdites matières soient parfaitement déchirées, éfilochées, broyées et affinées, en se servant de piles ordinaires, ou en y employant d'autres machines propres à ces opérations, après néanmoins avoir obtenu la permission du roi de faire usage desdites machines : faisant Sa Majesté défenses de se servir d'aucunes machines tranchantes, pour autre usage que pour préparer lesdites matières à être éfilochées (*b*), broyées et affinées, le tout à peine de confiscation desdites machines, et de deux cents livres d'amende.

II. Les piles et autres machines servant à la fabrication de toutes sortes de papiers, même des papiers gris, trasses et cartons, et les pourrissoirs dans les moulins où l'on fait pourrir les drapeaux, seront placés dans des lieux clos et couverts (*c*) : faisant Sa Majesté très-expresses inhibitions et défenses de fabriquer aucuns papiers et cartons dans les moulins dont les piles ou autres machines, et les pourrisssoirs seraient à découvert, et exposés aux injures de l'air et à la poussière; à peine de trois mille livres d'amende contre les propriétaires des moulins, qui les auraient donnés à loyer dans cet état, et de mille liv. d'amende contre les maîtres fabricans.

III. Seront tenus les maîtres fabricans de faire purifier l'eau dont ils se serviront, tant pour le lavage de la pâte destinée à fabriquer le papier, que pour détremper la colle, en faisant passer ladite eau dans quatre différens vaisseaux ou réservoirs, dont le dernier au moins sera sablé (*d*), pour la faire reposer dans les premiers, et filtrer à travers le sable du dernier; à peine, en cas de contravention, de cinquante livres d'amende contre lesdits maîtres fabricans.

IV. L'eau, au sortir desdits vaisseaux ou réservoirs, sera introduite dans

---

(*a*) Les principaux sont ceux des 21 nov. 1786, 30 déc. 1727, 23 déc. 1732, 12 déc. 6130 : ce dernier avait été fait pour la province du Limousin seulement.

(*b*) C'est-à-dire, pour le dérompoir, §. 72.
(*c*) Voyez §. 67.
(*d*) Voyez, sur l'usage du sable, ce que nous avons dit, §. 76.

les piles ou autres machines servant à broyer les drapeaux, à travers d'un linge appelé *couloir*, à peine de trois livres d'amende (*a*).

V. Défend Sa Majesté de mêler avec les drapeaux ou chiffons, ou avec la pâte destinée à la fabrication des différentes sortes de papiers, même des papiers gris, trasses et cartons, aucune sorte de chaux, ou autres ingrédiens corrosifs; à peine, en cas de contravention, de confiscation desdits drapeaux ou chiffons et pâte, dans lesquels il en aurait été mêlé, et même des papiers qui auraient été fabriqués avec lesdites matières, et de trois cents livres d'amende contre les maîtres fabricans (*b*).

VI. Veut Sa Majesté qu'à l'avenir, et à commencer du jour de la publication du présent arrêt, les maîtres fabricans soient tenus de faire coller également les papiers de différentes sortes et qualités, destinés pour l'imprimerie et pour le tirage des estampes, qui ne seraient pas aussi parfaitement collés que ceux pour l'écriture, et de cent livres d'amende (*c*).

VII. Défend Sa Majesté auxdits maîtres fabricans, de se servir d'aucune graisse ou savon pour lisser les papiers; à peine, en cas de contravention, de confiscation desdits papiers, et de cent livres d'amende contre lesdits maîtres fabricans, et de dix livres contre l'ouvrier appelé *saleran*, qui en aurait employé (*d*).

VIII. Toutes les différentes sortes de papiers qui se fabriquent dans le royaume, seront, à l'avenir, des largeurs, hauteurs et poids fixés par le tarif attaché sous le contre-scel du présent arrêt (*e*) : à l'effet de quoi ordonne Sa Majesté que dans le délai de six mois, à compter du jour de la publication du présent arrêt, toutes les formes destinées à la fabrication des papiers seront réformées, et faites sur les largeurs et hauteurs mentionnées audit tarif; à peine de confiscation, tant des formes qui, après ledit délai de six mois expiré, seraient trouvées ou trop grandes ou trop petites, lesquelles seront brisées, que des papiers qui se fabriqueraient dans lesdites formes, ou d'un poids différent de ceux fixés par ledit tarif, et de cent livres d'amende contre les maîtres fabricans (*f*). Pourront néanmoins lesdits maîtres fabricans faire des papiers

---

(*a*) Sur la propreté de l'eau, voyez §§. 734 et 105.

(*b*) L'usage de la chaux, quoique bon, est sujet à un trop grand abus : c'est pourquoi il a été proscrit. Voyez art. 57.

(*c*) La précaution du réglement est juste; mais l'usage a cependant établi par-tout une différence pour le collage entre le papier d'écriture et le papier d'impression. Voyez §§. 317 et 147.

(*d*) L'usage de la graisse est un inconvénient réel, mais dont on a peine encore actuellement à s'abstenir dans les fabriques de papier (§. 340).

(*e*) Ce tarif a été réformé par l'arrêt du 18 septembre 1741, qui en contient un nouveau : ainsi nous nous en tiendrons à ce dernier, que l'on trouvera ci-après.

(*f*) L'arrêt de 1727 permettait d'augmenter la grandeur, pourvu que l'épais-

de largeurs et hauteurs au-dessus de celles fixées par ledit tarif, pour le papier appelé *grand-aigle;* à la charge que le poids des rames desdits papiers sera augmenté à proportion de l'augmentation de la largeur et de la hauteur des feuilles (*a*).

IX. N'ENTEND néanmoins Sa Majesté que les maîtres fabricans puissent être poursuivis dans les cas où les feuilles de leurs papiers se trouveront de quelques lignes au-dessus ou au-dessous des dimensions portées par ledit tarif, lorsqu'il paraîtra que lesdites augmentations ou diminutions peuvent provenir de la saison dans laquelle les papiers auront été fabriqués, et non du défaut des formes et de la mauvaise qualité de la matière, et ne causent pas une différence de poids de chaque rame au-delà d'une quarantième partie de celui fixé par le tarif (*b*).

X. ET afin que les maîtres fabricans ne puissent se servir à l'avenir d'aucunes formes défectueuses, ordonne Sa Majesté que dans le délai de six mois ci-dessus prescrit, elles seront toutes représentées avec leurs cadres volans appelés *couvertes,* par-devant les juges des manufactures, en présence des gardes des maîtres fabricans; et que lorsqu'elles seront trouvées conformes aux dimensions portées par le tarif, lesdites formes et leurs cadres ou couvertes seront marquées à feu; et le poinçon qui aura servi à appliquer ladite empreinte, sera déposé dans le greffe de ladite jurisdiction : faisant Sa Majesté défenses à toutes personnes de contrefaire ladite marque, à peine d'être poursuivies extraordinairement comme pour crime de faux; et à tous maîtres fabricans, de faire usage d'aucunes formes qui ne soient ainsi marquées; à peine de confiscation des formes qui seront rompues et brisées, et de cent livres d'amende contre lesdits maîtres fabricans, et de trois livres contre l'ouvrier qui s'en serait servi.

XI. LES maîtres fabricans seront tenus de mettre sur le milieu d'un des côtés de chaque feuille des différentes sortes de papiers qu'ils fabriqueront, la marque ordinaire pour désigner chaque sorte de papier; et sur le milieu de l'autre côté de ladite feuille, en caractère de quatre à six lignes de hauteur,

---

seur et le poids augmentassent à proportion; le poids était fixé, mais non pas les grandeurs.

Ce fut en 1732, qu'on ajouta un tarif pour les longueurs et les largeurs, afin que chaque espèce de papier ayant un prix connu, eût aussi une qualité constante.

(*a*) En conséquence de la permission donnée par le présent article, de faire des papiers d'une plus grande sorte, M. Duponty en fit exécuter une sorte appelée

grand-langlé, du nom de la manufacture de l'Anglée près Montargis, qui avait cinq pieds de long sur deux pieds dix pouces de large. Cette grandeur extraordinaire serait fort utile pour les plans; mais elle réussit difficilement, à cause de la godée dont nous avons parlé, §. 318.

(*b*) Voyez l'art. II de l'arrêt du 18 septembre 1741, et ce que nous avons dit, §. 386.

la première lettre du nom et le surnom en entier du maître fabricant, avec l'un de ces mots, aussi en entier, *fin*, *moyen*, *bulle*, *vanant*, ou *gros-bon*, suivant la qualité du papier, avec le nom de la province ; et à l'égard du papier appelé cartier fin, le nom de la province, la première lettre du nom et le surnom en entier du maître fabricant, seront mis à l'extrémité de chaque feuille ; le tout à peine, en cas de contravention, de confiscation des papiers, et de trois cents livres d'amende contre les maîtres fabricans (*a*) : faisant Sa Majesté très-expresses inhibitions et défenses auxdits maîtres fabricans, de marquer aucuns papiers de qualités inférieures, du nom servant à désigner une qualité supérieure, à peine de confiscation desdits papiers, et de mille livres d'amende, et d'être déchus pour toujours de la fabrication et du commerce des papiers.

XII. Défend Sa Majesté à tous maîtres fabricans, de mettre les noms et surnoms d'un autre maître fabricant, ou un nom supposé, au lieu du leur, sur les papiers qu'ils fabriqueront ou feront fabriquer ; comme aussi de faire fabriquer du papier marqué de leur nom, dans d'autres moulins que ceux qui leur appartiennent, ou qu'ils tiennent à loyer ; à peine, en cas de contravention, de confiscation des papiers, de mille livres d'amende, et d'être déchus pour toujours de la fabrication et du commerce des papiers.

XIII. Les veuves de maîtres fabricans, qui, après le décès de leur mari, voudront continuer à faire fabriquer des papiers, seront tenues de mettre le mot *veuve* en entier, avant la première lettre du nom, et le surnom en entier de leur mari ; et les fils de maîtres fabricans, qui auront le même nom de baptême que leur père actuellement vivant, et qui, après leur réception à la maîtrise, fabriqueront ou feront fabriquer des papiers pour leur compte particulier, ajouteront le mot *fils* en entier, après la première lettre du nom et le surnom de leur père : le tout à peine, en cas de contravention, de confiscation des papiers, et de cent livres d'amende. (Voyez, à l'occasion des veuves, l'art. XLIII.)

XIV. Seront tenus les maîtres fabricans de trier ou faire trier exactement les feuilles dont chaque main de papier doit être composée, de mettre le fin avec le fin, le moyen avec le moyen, le bulle avec le bulle, le vanant ou gros-bon avec le vanant ou gros-bon, sans qu'il y ait aucun mélange de

(*a*) Suivant l'arrêt du 18 septembre 1741, art. IV, dès qu'il aura été constaté que lesdits maîtres fabricans auront ajouté à leurs formes la marque 1742, ils pourront vendre et débiter librement leurs papiers, sans être obligés d'en faire aucune déclaration.

Le réglement de 1688 exigeait aussi qu'on marquât sur la feuille l'année de la fabrication, mais il était trop difficile de faire un changement dans les formes toutes les années ; et l'on a jugé devoir se contenter d'une marque perpétuelle et constante.

papiers de différentes qualités dans une même main, ni dans une même rame :
leur faisant Sa Majesté défenses d'y employer des feuilles trop minces, trop
courtes, trop étroites, et celles qui seront cassées, trouées, ridées, ou autrement défectueuses; à peine, en cas de contravention, de confiscation des
papiers, et de trois cents livres d'amende (*a*).

XV. Veut Sa Majesté que toutes les feuilles de papier dont chaque main
sera composée, soient d'une égale largeur; faisant défenses auxdits maîtres
fabricans de rogner aucune desdites feuilles sur la largeur, à peine de confiscation desdits papiers, et de cinquante livres d'amende (*b*).

XVI. Permet Sa Majesté auxdits maîtres fabricans de vendre en cahiers,
de quelque grandeur que ce soit, les papiers sains, entiers et parfaits, qu'ils
pourront retirer des feuilles des papiers cassés ou autrement défectueux, sans
néanmoins qu'ils puissent mêler dans lesdits cahiers, du papier fin avec du
moyen, ou d'autre qualité inférieure, ni des papiers forts avec des papiers
faibles; à peine de confiscation desdits papiers, et de cinquante livres d'a-
mende : permet pareillement Sa Majesté auxdits maîtres fabricans de vendre
dans le royaume, les papiers cassés, troués, ridés ou autrement défectueux,
par demi-feuilles, en paquets et au poids, sans qu'ils puissent en composer
des mains, des rames, ni même des cahiers, ni que lesdits papiers puissent
être envoyés dans les pays étrangers, sous quelque prétexte que ce soit : le
tout, à peine de confiscation desdits papiers qui seraient trouvés en mains,
en rames ou en cahiers, et de cent livres d'amende contre les contrevenans(*c*).

XVII. Veut Sa Majesté que dans trois mois, à compter du jour de la publication du présent arrêt, lesdits maîtres fabricans et les marchands papetiers soient tenus de faire trier les papiers des différentes sortes et qualités
qu'ils auront dans leurs moulins, boutiques et magasins, pour être, les feuilles cassées, trouées, ridées, ou autrement défectueuses, tirées des rames; à
peine de confiscation desdites rames dans lesquelles, après l'expiration dudit
délai, il serait trouvé des feuilles de papier défectueuses, et de cent livres
d'amende.

(*a*) Les précautions dans le triage du
papier, si propres à accréditer chez l'étranger la bonne foi de nos fabricans et la perfection de nos manufactures, ne sauraient
être trop bien observées; mais, par une
contagion générale, on les néglige presque
par-tout : nous l'avons observé, §. 372,
où il s'agissait de l'usage; mais il s'agit ici
du réglement.

(*b*) Cela n'était défendu en 1730, que
pour le papier servant à l'impression : actuellement la défense est générale; mais voyez,
quant à l'usage actuel, le §. 372.

(*c*) L'arrêt de 1741, art. VI, permet
d'en faire des rames percées de tiers en
tiers dans l'étendue de la hauteur des feuilles avec un poinçon de fer de quatre lignes
de diamètre, et de les envoyer même en
pays étranger avec cette condition; mais
cela ne s'exécute point. (Voyez §. 372).

XVIII. La rame de toutes sortes de papiers sera composée de vingt mains, chaque main de vingt-cinq feuilles, non compris les feuilles d'enveloppe, qui se mettent dessus et dessous : et sera chaque rame, outre lesdites feuilles d'enveloppe, recouverte de deux feuilles de gros papier, appelé *maculature*, sur l'une desquelles seront marqués, en caractères lisibles, la sorte du papier dont la rame sera composée, en distinguant les qualités de *fin*, *moyen*, *bulle*, *vanant* ou *gros-bon*; le poids de ladite rame, sans y comprendre les enveloppes; le nom en entier de la province ou généralité dans laquelle les moulins sont situés, et les nom et surnom du maître fabricant aussi en entier : le tout à peine, en cas de contravention, de confiscation du papier; et de cent livres d'amende. (Voyez §. 589.)

XIX. Fait Sa Majesté défenses auxdits maîtres fabricans de fabriquer ni faire fabriquer, vendre ni débiter des papiers d'autres sortes et qualités, ni d'autres largeurs, hauteurs et poids, que celles fixées par le tarif attaché sous le contre-scel du présent arrêt, et que lesdits papiers ne soient conformes à ce qui est prescrit; comme aussi de vendre ni débiter, sous quelque prétexte que ce soit, les papiers cassés et de rebut, autrement qu'en la manière prescrite par l'article XVI ci-dessus : le tout à peine, en cas de contravention, de confiscation desdits papiers, et de cent livres d'amende (a).

XX. Défend pareillement Sa Majesté à tous marchands d'acheter, vendre ni débiter aucune des différentes sortes de papiers, comprises dans le tarif attaché sous le contre-scel du présent arrêt, qu'ils ne soient des largeurs, hauteurs et poids fixés par ledit tarif, et conformes à ce qui est prescrit par ledit arrêt; comme aussi d'acheter, vendre ni débiter, sous quelque prétexte que ce soit, les papiers cassés et de rebut, autrement qu'en la manière prescrite par ledit article XVI ci-dessus, le tout sous les peines portées par l'article précédent.

XXI. Et néanmoins, pour faciliter la vente et le débit des différentes sortes de papiers qui se trouveront dans les moulins et magasins desdits maîtres fabricans, six mois après la publication du présent arrêt, sans y être conformes, permet Sa Majesté auxdits maîtres fabricans de les vendre et débiter pendant une année, à compter du jour de l'expiration du délai de six mois accordé par l'article VIII ci-dessus : à la charge, par lesdits maîtres fabricans, de faire, dans le premier mois de ladite année, leur déclaration de la quantité des différentes sortes desdits papiers qu'ils auront en leur possession, par-devant les juges des manufactures, qui en dresseront des procès-verbaux, lesquels seront par eux directement envoyés au sieur intendant et commissaire,

(a) Sauf les exceptions contenues en l'article VIII ci-dessus, et ci-après en l'article XXIII.

départi dans la province ou généralité dans l'étendue de laquelle lesdits moulins ou magasins seront situés : après lesquels délais , tous les papiers qui se trouveront dans lesdits moulins et magasins , sans être conformes au présent arrêt , seront confisqués , et les contrevenans condamnés en cent livres d'amende.

XXII. Et afin que les marchands papetiers puissent aussi se défaire de tous les papiers mentionnés dans l'article précédent , qu'ils auraient achetés desdits maîtres fabricans , veut Sa Majesté que lesdits marchands puissent les vendre et débiter pendant une année , à compter du jour que le délai accordé auxdits maîtres fabricans sera expiré ; à la charge par lesdits marchands de faire , dans le premier mois de ladite année , leur déclaration des différentes sortes desdits papiers qu'ils auront en leur possession, par devant les juges des manufactures du lieu de leur domicile, qui en dresseront des procès-verbaux ; après lesquels délais , tous les papiers qui se trouveront dans les magasins des marchands papetiers , sans être conformes au présent arrêt , seront confisqués , et les contrevenans condamnés en cent livres d'amende.

XXIII. Permet Sa Majesté auxdits maîtres fabricans , de faire des papiers des sortes, largeurs, hauteurs et poids qui leur seront demandés par les étrangers , en se conformant au surplus à ce qui est prescrit par le présent arrêt , et sous les peines y portées , et à la charge d'en obtenir la permission par écrit du sieur intendant et commissaire départi dans la province ou généralité dans l'étendue de laquelle leurs moulins seront situés ; dans laquelle permission il sera fait mention des qualités et quantités desdits papiers. N'entend néanmoins comprendre dans le présent article , les papiers destinés à être envoyés dans le Levant , par rapport auxquels Sa Majesté se réserve de pourvoir par un autre arrêt particulier. (a)

XXIV. Et pour assurer la sortie des papiers qu'il aura été permis auxdits maîtres fabricans de faire pour l'étranger, ordonne Sa Majesté que lors des envois desdits papiers , lesdits maîtres fabricans seront tenus de déclarer au bureau des fermes du lieu de leur demeure , ou au bureau le plus prochain, le nombre des balles , la quantité des rames , et les sortes et qualités des papiers ; d'y faire plomber lesdites balles; de déclarer le port par lequel ils entendent les faire sortir, et de représenter au commis dudit bureau la permission qu'ils auront obtenue dudit sieur intendant et commissaire départi , sur laquelle il leur sera , par lesdits commis , expédié un acquit à caution , en la forme ordinaire , pour être déchargé par les commis du bureau des fermes établi dans le port où lesdits papiers seront embarqués, après néanmoins que les plombs apposés sur lesdites balles auront été reconnus sains et entiers.

(a) Il y a été pourvu par un arrêt du 14 février 1739 , dont nous parlerons ci-après.

Seront pareillement tenus lesd. maîtres fabricans de rendre audit sieur intendant et commissaire départi, la permission qui leur aura été par lui accordée, et de lui représenter le dit acquit à caution, déchargé, pour justifier de la sortie desdits papiers : le tout à peine, en cas de contravention, de confiscation desdits papiers, et de mille livres d'amende contre lesdits maîtres fabricans.

XXV. Défend Sa Majesté auxdits maîtres fabricans de vendre, et à tous marchands d'acheter ni débiter dans le royaume, aucuns papiers dont la fabrication aura été permise pour être envoyés à l'étranger, pour quelque cause et sous quelque prétexte que ce soit ; à peine, en cas de contravention, de confiscation desdits papiers, et de trois mille livres d'amende, tant contre les maîtres fabricans qui les auraient vendus, que contre les marchands qui les auraient achetés ou exposés en vente.

XXVI. Tous les cartons seront faits des largeurs, hauteurs et poids qui seront demandés par les ouvriers à l'usage desquels ils seront destinés, et ne pourront être composés que de vieux papiers, ou des rognures des cartes et de celles des papiers : faisant Sa Majesté très-expresses inhibitions et défenses à tous maîtres fabricans d'employer à la fabrication desdits cartons, aucunes sortes de drapeaux, peilles et drilles ; à peine de confiscation des cartons qui en seraient fabriqués, et de cent livres d'amende contre les contrevenans (a).

XXVII. Seront réputés maîtres fabricans de papiers, tous ceux qui font actuellement fabriquer du papier en leur nom, dans des moulins à eux appartenans, ou qu'ils tiennent à loyer ; sans qu'aucuns puissent l'être à l'avenir, qu'après avoir fait apprentissage, et satisfait aux autres formalités prescrites par le présent arrêt, pour parvenir à la maîtrise.

XXVIII. Ordonne S. M. que dans trois mois à compter du jour de la publication du présent arrêt, il sera par chacun des sieurs intendans et commissaires départis dans les provinces et généralités du royaume, fait des arrondissemens des différentes villes et lieux desdites provinces et généralités, dans lesquels sont situés les moulins à papier, et que dans chaque chef-lieu de manufacture desd. arrondissemens, il sera fait incessamment et sans frais, si fait n'a été, un tableau qui contiendra les noms et surnoms des maîtres fabricans établis dans les villes et lieux compris dans chacun desdits arrondissemens, soit qu'ils soient propriétaires des moulins, ou qu'ils les tiennent à loyer ; lesquels tableaux seront signés, tant par le juge des manufactures et greffiers, que par les gardes en charge desdits maîtres fabricans, dans chaque chef-lieu ; et lorsqu'il s'établira à l'avenir un nouveau maître fabricant, il sera tenu de faire

(a) Cette défense a été levée par l'article VIII de l'arrêt du conseil du 18 septembre 1741 ; mais cela n'empêche pas que les cartonniers ne s'en tiennent aux rognures de papier, comme nous le dirons en faisant la description de l'*Art du Cartonnier*, auquel cet article est relatif.

inscrire son nom et son surnom sur le tableau du chef-lieu dont il dépendra, ce qui sera pareillement fait sans aucuns frais; et seront les dits tableaux déposés au greffe de la jurisdiction des manufactures de chacun desdits chefs-lieux.

XXIX. Veut Sa Majesté que tous les maîtres fabricans, dont les moulins à papier sont situés dans les lieux qui se trouveront compris dans les arrondissemens qui auront été faits par lesdits sieurs intendans et commissaires départis, soient tenus, dans un mois au plus tard, à compter du jour que lesdits arrondissemens auront été formés, de s'assembler dans chaque chef-lieu de la manufacture, suivant lesdits arrondissemens, au jour qui leur sera indiqué par lesdits sieurs intendans et commissaires départis, par-devant les juges des manufactures de chacun desdits chefs-lieux, pour procéder, en la présence desdits juges, à la pluralité des voix, à la nomination de quatre ou de deux gardes, suivant qu'il sera réglé par lesdits sieurs intendans et commissaires départis, à proportion du nombre des maîtres fabricans qui seront établis dans l'étendue de chaque arrondissement ; lesquels gardes prêteront serment par devant lesdits juges, de se bien et fidèlement acquitter de leurs fonctions, et les exerceront jusqu'au dernier décembre 1739 (*a*).

XXX. Ordonne Sa Majesté qu'à l'avenir, et à commencer au mois de décembre 1739, il sera tous les ans, depuis le premier jusqu'au 10 dudit mois, procédé en la forme et manière prescrite par l'article XXIX ci-dessus, à la nomination de deux nouveaux gardes, dans les villes et lieux où il en aura été élu quatre, pour remplacer les deux anciens qui sortiront de charge, et entrer en exercice au 2 janvier suivant, avec les deux gardes de la précédente élection; ce qui sera observé d'année en année : en sorte qu'il y ait toujours deux anciens et deux nouveaux gardes en exercice.

XXXI. Veut Sa Majesté que le même ordre soit observé dans les villes et. lieux où il n'aura été nommé que deux gardes, et qu'il en soit élu un nouveau, tous les ans, pour remplacer celui qui sortira d'exercice.

XXXII. Lesdits gardes feront au moins quatre visites générales par chaque an, et des visites particulières toutes les fois qu'ils le jugeront à propos, tant dans les moulins et magasins à papier établis dans la campagne, que dans les magasins établis dans les villes qui seront dans l'étendue de leur district ; lors desquelles visites, tous les maîtres fabricans, les marchands papetiers, commissionnaires, et autres, chez lesquels il y aurait des papiers déposés, seront tenus de faire auxdits gardes ouverture de leurs moulins, maisons et magasins; à peine, en cas de refus, de cinq cents livres d'amende : et où il se trouverait des papiers qui ne seraient pas conformes à ce qui est pres-

____

(*a*) Cette nomination de gardes visiteurs avait déjà été ordonnée par l'arrêt du 12 décembre 1730.

crit par le présent arrêt, et au tarif attaché sous le contre-scel d'icelui, lesdits gardes les feront saisir et enlever par un huissier, et en poursuivront la confiscation avec les condamnations d'amendes portées par le présent arrêt.

XXXIII. Ordonne Sa Majesté que les rames de papier dont la confiscation aura été ordonnée, seront percées d'un poinçon dans le milieu, et qu'elles seront remises dans le moulin à papier, pour y être employées comme matière (a); et que du prix auquel elles seront estimées comme matière, il en appartienne moitié aux gardes, l'autre moitié à l'hôpital le plus prochain du lieu où les jugemems auront été rendus.

XXXIV. Nul ne pourra être admis à faire apprentissage, qu'il n'ait au moins douze ans accomplis; il sera passé brevet dudit apprentissage, par-devant notaires, entre le maître fabricant et celui qui se présentera pour être apprenti; lequel brevet sera enregistré sur le registre qui sera tenu à cet effet par les gardes en exercice de chaque communauté, en payant, par ledit apprenti, la somme de trois livres pour ledit enregistrement.

XXXV. Le tems de l'apprentissage sera de quatre années consécutives, pendant lesquelles l'apprenti sera tenu de demeurer chez son maître et de le servir fidèlement; et ceux desdits apprentis qui quitteront leur maître avant le terme desdites quatre années accomplies, n'acquerront aucun droit pour parvenir à la maîtrise, et leurs brevets seront et demeureront nuls et rayés du registre dans lequel ils auront été enregistrés.

XXXVI. Dans le cas où le maître chez lequel l'apprenti aurait commencé son apprentissage, cesserait de fabriquer ou faire fabriquer du papier, avant le terme de l'apprentissage accompli, les gardes en charge placeront ledit apprenti chez un maître, pour y finir le tems qui restera à expirer de son apprentissage; ce qui sera pareillement observé par lesdits gardes, si le maître vient à décéder, et que sa veuve ou ses enfans ne continuent pas à faire fabriquer du papier.

XXXVII. Les quatre années d'apprentissage expirées, l'apprenti sera tenu de servir pendant quatre autres années chez les maîtres, en qualité de compagnon.

XXXVIII. Les fils de maîtres qui auront demeuré jusqu'à l'âge de seize ans accomplis chez leur père, ou leur mère veuve faisant fabriquer du papier, seront réputés avoir fait leur aprentissage; et seront néanmoins tenus de servir quatre années en qualité de compagnons chez leur père, ou leur mère veuve, ou chez d'autres maîtres.

XXXIX. L'aspirant à la maîtrise, qui se présentera pour être reçu, sera

(a) Nous avons parlé fort au long du papier cassé, et de celui qu'on est obligé de refondre, §. 364.

préalablement tenu de représenter aux gardes en charge, et aux anciens maîtres, qui seront nommés à cet effet par le corps des maîtres fabricans, son brevet d'apprentissage et le certificat, en bonne forme, du service qu'il aura fait chez les maîtres, en qualité de compagnon : il sera ensuite admis à faire en présence desdits gardes et principaux maîtres fabricans, son chef-d'œuvre, qui consistera dans les différentes opérations de la fabrique du papier, et interrogé sur la qualité des différentes sortes de papiers qui lui seront présentés à cet effet ; et si, après cet examen, ledit aspirant est trouvé capable par lesdits gardes en charge et principaux maîtres fabricans, il sera par eux présenté aux juges des manufactures, pour prêter serment par-devant eux, et inscrit dans le tableau des maîtres fabricans, en la forme prescrite par l'article XXVIII ci-dessus, en payant la somme de six livres pour les droits desdits juges, et pareille somme pour la communauté.

XL. Les fils de maîtres qui se présenteront pour être reçus à la maîtrise, ne feront aucun chef-d'œuvre, mais seront seulement tenus de présenter les certificats du service qu'ils auront fait en qualité de compagnons, chez leur père, ou leur mère veuve, ou chez d'autres maîtres ; et seront interrogés, tant sur les opérations de la fabrique du papier, que sur la qualité des différentes sortes de papiers : et si, après cet examen, ils sont trouvés capables, ils seront reçus en la forme prescrite par l'article précédent, en payant la somme de six livres pour les droits des juges de manufactures, et pareille somme pour la communauté.

XLI. Les sommes qui seront payées, tant pour l'enregistrement des brevets d'apprentissage, que pour les réceptions à la maîtrise, seront reçues par l'ancien garde en charge, qui en tiendra registre, et employées aux affaires de la communauté, dont il sera tenu de rendre compte à la fin de son exercice, en présence des autres gardes et des anciens maîtres fabricans qui seront nommés à cet effet par la communauté assemblée : et sera tenu ledit ancien garde, de remettre les deniers qui resteront entre ses mains, en celles de l'ancien garde qui lui succédera ; ce qui sera exécuté d'année en année.

XLII. Défend Sa Majesté à tous gardes et maîtres fabricans, de prendre ni recevoir, des aspirans à la maîtrise, aucuns présens, ni autres et plus grands droits que ceux fixés par le présent arrêt, pour quelque cause et sous quelque prétexte que ce puisse être, à peine de restitution, et de cent livres d'amende ; comme aussi auxdits aspirans de donner aucuns repas auxdits gardes, ou maîtres fabricans, à peine de nullité de leur réception.

XLIII. Les veuves des maîtres fabricans jouiront des droits et priviléges de leur mari, et pourront continuer de faire fabriquer du papier, tant qu'elles resteront en viduité, sans pouvoir néanmoins faire d'apprentis ; et au cas qu'elles se remarient avec quelqu'un qui ne soit pas maître fabricant, elles seront déchues desdits droits et priviléges.

XLIV. Ordonne Sa Majesté que les maîtres fabricans de papier, leurs fils travaillant dans leurs fabriques, les colleurs ou salerans, les ouvriers qui mettent les matières sur les formes, ceux qui couchent les papiers, ceux qui les lèvent, et ceux qui préparent les matières qui entrent dans la composition du papier, seront personnellement exempts de la collecte des tailles, du logement de gens de guerre, et de la milice, et qu'ils seront cotisés d'office à la taille, par le sieur intendant et commissaire départi dans la province où ils seront établis, suivant les états qui lui en seront remis tous les ans par les gardes en charge, sans que les cotes d'office puissent être augmentées par les collecteurs (a).

XLV. Veut Sa Majesté que l'ouvrier employé à faire et à réparer les formes servant à la fabrication des papiers, appelé *formaire*, jouisse des mêmes priviléges et exemptions accordés par l'article XLIV ci-dessus, aux maîtres fabricans et à leurs ouvriers; à l'effet de quoi il sera compris dans les états ordonnés par le même article.

XLVI. Fait Sa Majesté défenses aux gardes de comprendre dans lesdits états, aucuns maîtres fabricans qui ne continueront pas à faire fabriquer du papier, ou d'autres ouvriers que ceux qui seront actuellement travaillans dans les moulins, à peine de trois cents livres d'amende.

XLVII. Les maîtres fabricans pourront employer ceux de leurs compagnons ou apprentis qu'ils jugeront à propos, à celles des fonctions du métier de papetier, qu'ils trouveront leur être plus convenables, sans qu'aucuns desd. compagnons puissent s'y opposer, pour quelque cause et sous quelque prétexte que ce soit; à peine de trois livres d'amende payable par corps, contre chacun desdits compagnons qui auraient formé de pareilles oppositions, et de plus grande peine s'il y échet.

XLVIII. Fait Sa Majesté défenses aux compagnons et ouvriers, de quitter leurs maîtres pour aller chez d'autres, qu'ils ne les aient avertis six semaines auparavant, en présence de deux témoins, à peine de cent livres d'amende payable par corps, contre les compagnons et ouvriers, et de trois cents livres contre les maîtres fabricans qui recevraient à leur service et engageraient aucuns compagnons et ouvriers, qu'ils ne leur aient représenté le congé par

---

(a) Les priviléges accordés à l'importance de cette profession et à son utilité, pour le bien de l'état, se trouvent déjà dans le réglement de 1727, fait pour la province d'Auvergne; mais dans celui de 1730, fait pour la province du Limousin, il n'y avait que le premier ouvrier qui en jouit; ils ont été par cet article étendus à tout le royaume. Quoi de plus juste que de soulager ceux qui sont véritablement utiles à la société? Qu'ils soient supportés par la multitude oisive, ou occupée à servir le luxe, et dont les occupations sont toujours d'autant plus lucratives qu'elles sont plus inutiles.

écrit, du dernier maître chez lequel ils auront travaillé, ou du juge des lieux, en cas de refus mal fondé de la part du maître : lesdites amendes applicables moitié au profit de Sa Majesté, et l'autre moitié au profit des maîtres que les compagnons et ouvriers auraient quittés sans congé. Seront aussi tenus les maîtres d'avertir lesdits compagnons et ouvriers, en présence de deux témoins, six semaines avant que de les renvoyer, à peine de leur payer leurs gages et nourriture pendant lesdites six semaines (a).

XLIX. Défend aussi Sa Majesté auxdits maîtres fabricans, de débaucher les compagnons et ouvriers, les uns des autres, en leur promettant des gages plus forts que ceux qu'ils gagnaient chez les maîtres où ils travaillaient; sous les peines portées par l'article précédent, tant contre lesdits maîtres fabricans, que contre lesdits compagnons et ouvriers.

L. Ordonne sa Majesté que, s'il arrivait qu'un compagnon ou ouvrier, pour forcer son maître à le congédier avant le tems, gâtât, par une mauvaise volonté, son ouvrage, et qu'il en fût convaincu, tant par la comparaison de ses ouvrages, que par la déposition des autres compagnons et ouvriers travaillant dans le même moulin, ledit compagnon ou ouvrier sera condamné, outre le dédommagement, à la même peine que s'il avait quitté son maître sans congé.

LI. Veut Sa Majesté que les compagnons et ouvriers papetiers soient tenus de faire le travail de chaque journée, moitié avant midi, et l'autre moitié après midi, sans qu'ils puissent forcer leur travail, sous quelque prétexte que ce soit (b), ni le quitter pendant le courant de la journée, sans le congé de leur maître ; à peine, en cas de contravention, de trois livres d'amende par corps, contre lesdits compagnons et ouvriers, applicable au profit des pauvres de l'hôpital le plus prochain du lieu où les jugemens seront rendus.

LII. Défend Sa Majesté à tous compagnons et ouvriers de commencer leur travail, tant en hiver qu'en été, avant trois heures du matin, et aux maîtres fabricans de les y admettre avant ladite heure, n'y d'exiger desdits compagnons et ouvriers, des tâches extraordinaires appelées *avantages* ; à peine de cinquante livres d'amende contre lesdits maîtres fabricans, et de trois livres contre lesdits compagnons et ouvriers, pour chaque contravention : lesdites amendes applicables comme ci-dessus.

(a) Cette précaution avait déjà été prise par le réglement de 1732.

(b) Il n'est rien de si aisé dans la fabrication du papier, que de faire beaucoup d'ouvrage et de le faire mal : pour obvier à la dissipation et à l'impatience des ouvriers, les maîtres ont fixé la tâche à huit rames de couronne, les autres sortes à proportion. Ce réglement les oblige à faire ce travail moitié avant midi et moitié après ; il serait à souhaiter qu'on pût les obliger à le faire en quinze heures, au lieu de le faire en six ou sept heures de tems, comme cela arrive souvent. Voyez §. 392.

LIII. Pourront les maîtres fabricans prendre dans leurs moulins, *tel nombre d'apprentis qu'ils jugeront à propos* , soit fils de compagnons ou autres; comme aussi recevoir dans leurs moulins les compagnons qui viendraient leur demander du travail, en représentant par eux le congé du dernier maître qu'ils auront quitté, visé sans frais par le juge du lieu du domicile dudit dernier maître ; le tout, sans que les autres compagnons et ouvriers puissent les inquiéter ou maltraiter, ni exiger d'eux aucune rétribution, pour quelque cause et sous quelque prétexte que ce soit ; à peine, en cas de contravention, de vingt livres d'amende payable par corps, contre chacun desdits compagnons et ouvriers, et de plus grande peine s'il y échet.

LIV. Défend Sa Majesté à tous compagnons, ouvriers et apprentis, de vendre aucuns papiers, ni aucunes matières ou colles servant à la fabrication desdits papiers, et à tous colporteurs et autres, d'en acheter, à peine de cinquante livres d'amende payable par corps, même d'être lesdits compagnons, ouvriers, apprentis et colporteurs, poursuivis extraordinairement, si le cas y échet.

LV. Fait pareillement Sa Majesté défenses à tous artisans d'acheter, pour revendre, aucuns vieux linges, vieux drapeaux, peilles ou drilles, servant à la fabrication du papier ; et à tous merciers et colpolteurs, d'en acheter dans la distance d'une demi-lieue de chaque moulin à papier, sous quelque prétexte que ce soit ; à peine de confiscation, et de pareille amende de cinquante livres contre les contrevenans, payable par corps, même de plus grande peine s'il y échet.

LVI. Fait aussi Sa Majesté défense à tous maîtres fabricans, de vendre, et à toutes personnes d'acheter, sous quelque prétexte que ce soit, aucunes matières réduites en pâte propre à fabriquer du papier; à peine de confiscation, et de mille livres d'amende, tant contre le vendeur que contre l'acheteur.

LVII. Permet Sa Majesté auxdits maîtres fabricans, de fabriquer, ou faire fabriquer dans leurs moulins, soit en laine, coton, poil ou autres matières, les étoffes destinées à coucher leurs papiers au sortir de la forme, appelées *flautres* ou *feutres*, sans néanmoins qu'ils puissent fabriquer ou faire fabriquer aucunes autres sortes d'étoffes avec lesdites matières, sous quelque prétexte que ce puisse être, même pour leur propre usage, à peine de confiscation et de mille livres d'amende.

LVIII. Les procès-verbaux qui seront dressés des contraventions faites au présent arrêt, feront mention des articles de l'arrêt, auxquels il aura été contrevenu; et les amendes qui seront prononcées pour raison desdites contraventions, dont l'application n'est pas ordonnée ci-dessus, seront appliquées, savoir, un tiers au profit de Sa Majesté, un tiers au profit des gardes qui auront fait les saisies, et l'autre tiers au profit des pauvres de l'hôpital le plus prochain des lieux où les jugemens auront été rendus.

LIX. Veut Sa Majesté que les registres qui seront tenus par les gardes des maîtres fabricans, soient en papier commun et non timbré, et cotés et paraphés sans frais par les juges des lieux; et que les procès-verbaux de nomination des gardes, et les expéditions qui pourront en être faites, soient aussi en papier commun et non timbré, sans pouvoir être assujétis au contrôle, ni à aucunes sortes de droits, de quelque nature qu'ils puissent être.

LX. Veut pareillement Sa Majesté que toutes les saisies qui seront faites pour raison des contraventions qui seront commises au présent arrêt, et les contestations qui pourront naître sur l'exécution d'icelui, soient portées à Paris par-devant le sieur lieutenant-général de police, et dans les provinces par-devant les sieurs intendans et commissaires départis, pour être par eux jugés, chacun en droit soi, définitivement, sauf l'appel au conseil; leur en attribuant à cet effet pendant cinq années consécutives, à compter du jour de la publication du présent arrêt, toute cour, jurisdiction et connaissance, que Sa Majesté interdit à toutes ses cours et autres juges.

LXI. Déroge au surplus Sa Majesté à tous réglemens, arrêts et statuts particuliers contraires au présent arrêt (a), qui sera lu, publié et affiché partout où besoin sera. Fait au conseil d'état du roi, Sa Majesté y étant, tenu à Versailles, le vingt-septième jour de janvier mil sept cent trente-neuf.

Signé, PHELYPEAUX.

Arrêt du conseil d'état du roi, en interprétation de l'arrêt du conseil du 27 janvier 1739, portant réglement pour les différentes sortes de papiers qui se fabriquent dans le royaume. Du 18 septembre 1741. Extrait des registres du conseil d'état.

Le roi s'étant fait représenter, en son conseil, l'arrêt rendu en icelui le 27 janvier 1739, portant réglement pour les différentes sortes de papiers qui se fabriquent dans le royaume, et le tarif du même jour, attaché sous le contre-scel dudit arrêt, des largeur et hauteur des feuilles, et du poids des rames desdits papiers; et Sa Majesté étant informée par les représentations qui lui ont été faites par les fabricans, que non-seulement il serait nécessaire de changer les dispositions de quelques-uns des articles dudit arrêt, et d'y en

---

(a) Quoique cet arrêt rappelle et paraisse contenir tout ce qu'on a jugé à propos d'ordonner sur la police des papeteries, il semble n'avoir point révoqué l'article X de l'arrêt du 12 décembre 1730, qui défend de faire marché pour tout le papier qui se fabrique dans un moulin, ou pour une quantité qui excéderait le quart de ce qui se fabrique dans le moulin.

ajouter de nouvelles, mais même que, pour procurer auxdits fabricans plus de facilité de donner aux rames de leurs papiers les poids fixés par le tarif, il serait à propos de leur accorder un remède suffisant pour le poids de chaque rame, et de régler le poids desdites rames par un nouveau tarif; à quoi désirant pourvoir : ouï le rapport du sieur Orry, conseiller-d'état, et ordinaire au conseil royal, contrôleur-général des finances, le roi étant en son conseil, a ordonné et ordonne ce qui suit.

Art. I. Toutes les différentes sortes de papiers qui se fabriquent dans le royaume, seront à l'avenir des largeur, hauteur et poids réglés par le tarif attaché sous le contre-scel du présent arrêt, à peine de confiscation, tant des papiers qui n'auraient pas lesdites dimensions, que les rames qui se trouveraient de poids différens de ceux fixés par ledit tarif (a).

II. N'entend néanmoins Sa Majesté que les maîtres fabricans puissent être poursuivis dans le cas où les feuilles de leurs papiers se trouveront de quelques lignes au-dessus ou au-dessous des dimensions portées par le tarif, lorsqu'il paraîtra que lesdites augmentations ou diminutions peuvent provenir de la saison dans laquelle les papiers auront été fabriqués, et non du défaut des formes et de mauvaise qualité de la matière, et ne causent pas une différence dans lesdites dimensions, au-delà d'une quarantième partie de celles fixées par ledit tarif (b).

III. Veut Sa Majesté que les maîtres fabricans, outre les marques qui, suivant l'article XI de l'arrêt du conseil du 27 janvier 1739, doivent être mises sur chaque feuille de papier, soient tenus, à commencer au premier janvier prochain, d'y ajouter en chiffres *mil sept cent quarante-deux*; à peine de confiscation, tant des formes dans lesquelles ladite marque ne se trouverait pas, que des papiers qui auraient été fabriqués avec lesdites formes, et de trois cents livres d'amende contre lesdits maîtres fabricans (c).

IV. Et pour donner aux maîtres fabricans encore plus de facilité pour la vente et le débit des différentes sortes de papiers qui se trouveront dans leurs moulins et magasins au premier janvier prochain, sans avoir les dimensions ni les poids réglés par le tarif attaché sous le contre-scel du présent arrêt, ordonne Sa Majesté que, dès qu'il aura été constaté que lesdits maîtres fabricans auront ajouté à leurs formes la marque *mil sept cent quarante-deux*, ils puissent vendre et débiter librement lesdits papiers, sans être obligés d'en faire aucune déclaration : voulant Sa Majesté que les maîtres fabricans qui,

(a) Ainsi le tarif de 1739 étant révoqué, on s'en tient actuellement à celui de 1741, que l'on trouvera à la fin de l'arrêt.

(b) C'est là ce qu'on appelle le *remède de la loi*, lorsqu'il s'agit des monnaies. On a vu (§. 586) que les saisons influent sur la grandeur du papier, en supposant les formes bien suites, et les précautions égales.

(c) Cette marque, 1742, se trouve encore actuellement sur tous les papiers qui se fabriquent.

16.

après ledit jour premier janvier, se serviroient de formes qui n'auraient pas ladite marque, non-seulement soient condamnés aux peines portées par l'article III ci-dessus, mais même que les papiers, quoique d'ancienne fabrique, qui seraient trouvés chez eux, soient saisis, pour en être la confiscation ordonnée, avec trois cents livres d'amende contre chacun des contrevenans.

V. PERMET Sa Majesté aux marchands papetiers, de vendre et débiter tous les papiers qui n'auront pas la marque *mil sept cent quarante-deux*, prescrite par l'article III ci-dessus, quoiqu'ils n'aient ni les dimensions ni les poids réglés par le tarif attaché sous le contre-scel du présent arrêt, sans être tenus d'en faire aucune déclaration.

VI. PERMET pareillement Sa Majesté (a) aux maîtres fabricans de composer des mains et des rames des feuilles des papiers cassés, troués, ridés ou autrement défectueux, même de les envoyer dans les pays étrangers ; à la charge que chaque rame desdits papiers sera percée de tiers en tiers dans l'étendue de la hauteur des feuilles, de deux trous faits avec un poinçon de fer de quatre lignes de diamètre, faisant un pouce de circonférence, et qu'il sera passé dans chaque trou, une ficelle dont les deux bouts seront noués ensemble ; à l'effet de quoi lesdites rames seront emballées séparément, sans que, sous quelque prétexte que ce soit, il puisse être mêlé dans une même balle aucunes rames desdits papiers, avec les rames du papier sain et parfait : le tout à peine, en cas de contravention, de confiscation desdits papiers, et de cent livres d'amende contre les contrevenans.

VII. FAIT Sa Majesté défenses aux maîtres fabricans de fabriquer ni de faire fabriquer, vendre ni débiter des papiers d'autres sortes et qualités, ni d'autres largeurs, hauteurs et poids, que celles fixées par le tarif attaché sous le contre-scel du présent arrêt, et que lesdits papiers ne soient conformes à ce qui y est prescrit; et à tous marchands, d'acheter, vendre ni débiter aucune des différentes sortes desdits papiers, qu'ils ne soient desdites largeurs, hauteurs et poids, conformes à ce qui est porté par ledit arrêt : comme aussi auxdits maîtres fabricans et marchands, de vendre ; acheter, ni débiter, sous quelque prétexte que ce soit, les papiers cassés et de rebut, autrement qu'en la manière prescrite par l'article VI ci-dessus : le tout à peine, en cas de contravention, de confiscation desdits papiers, et de cent livres d'amende.

VIII. Tous les cartons seront faits des largeur, hauteur et poids qui seront demandés par les ouvriers à l'usage desquels ils seront destinés ; et seront composés, soit de vieux papiers, ou de rognures de cartes et de celles des papiers, soit de *drapeaux, chiffons, peilles* ou *drilles* (b).

(a) Cette permission est accordée en dérogation à l'art. XVI de l'arrêt du 27 janvier 1739.

(b) La liberté d'employer les chiffons à la fabrique du carton, ôtée par l'arrêt de 1739, est rendue par cet art. VIII, qui déroge à l'art. XXVI du précédent arrêt.

IX. Déroge Sa Majesté aux articles VIII, IX, XVI, XIX, XX, XXI, XXII et XXVI de l'arrêt du conseil du 27 janvier 1739, en ce qui y est de contraire, au présent arrêt; comme aussi au tarif attaché sous le contre-scel dudit arrêt du 27 janvier 1739, qui sera au surplus exécuté selon sa forme et teneur.

X. Enjoint Sa Majesté au sieur lieutenant-général de police de la ville de Paris, et aux sieurs intendans et commissaires départis dans les provinces et généralités du royaume (a), de tenir la main à l'exécution du présent arrêt, qui sera lu, publié et affiché par-tout où besoin sera. Fait au conseil d'état, du roi, Sa Majesté y étant, tenu à Versailles le dix-huitième jour de septembre mil sept cent quarante-un. *Signé*, PHELYPEAUX.

Tarif du poids que Sa Majesté veut que pèsent les rames des différentes sortes de papiers qui se fabriquent dans le royaume, sur le pied de la livre pesant seize onces poids de marc ; comme aussi des largeurs et hauteurs que doivent avoir les feuilles de papier des différentes sortes ci-après spécifiées. (Le poids fixé pour les rames des différentes sortes de papiers comprises dans le présent tarif, sera le même pour les papiers des différentes qualités d'une même sorte, soit fin, moyen, bulle, vanant ou gros-bon.)

440. Le papier dénommé *grand-aigle*, aura trente-six pouces six lignes de largeur, sur vingt-quatre pouces neuf lignes de hauteur ; la rame pesera cent trente-une livres et au-dessus, et ne pourra peser moins de cent vingt-six livres.

441. Le papier dénommé *grand-soleil*, aura trente-six pouces de largeur, sur vingt-quatre pouces dix lignes de hauteur; la rame pesera cent douze livres, et ne pourra peser plus de cent vingt, ni moins de cent cinq livres.

442. Le papier dénommé *au soleil*, aura vingt-neuf pouces six lignes de largeur, sur vingt pouces quatre lignes de hauteur ; la rame pesera quatre-vingt-six livres et au dessus, et ne pourra peser moins de quatre-vingt livres.

443. Le papier dénommé *petit-soleil*, aura vingt-cinq pouces de largeur, sur dix-sept pouces dix lignes de hauteur; la rame pesera soixante-cinq livres et au-dessus, et ne pourra peser moins de cinquante-six livres.

444. Le papier dénommé *grande-fleur-de-lys*, aura trente-un pouces de largeur, sur vingt-deux pouces de hauteur ; la rame pesera soixante-dix livres, et ne pourra peser plus de soixante-quatorze, ni moins de soixante-six livres.

445. Le papier dénommé *grand-colombier* ou *impérial*, aura trente-un pouces neuf lignes de largeur, sur vingt-un pouces trois lignes de hauteur; la

(a) Cette attribution a été prolongée de cinq en cinq ans par divers arrêts du conseil, jusqu'au 4 mai 1760.

rame pesera quatre-vingt-huit livres et au-dessus, et ne pourra peser moins de quatre-vingt-quatre livres.

446. Le papier dénommé *à l'éléphant*, aura trente pouces de largeur, sur vingt-quatre pouces de hauteur : la rame pesera quatre-vingt-cinq livres et au-dessus, et ne pourra peser moins de quatre-vingt livres.

447. Le papier dénommé *chapelet*, aura trente pouces de largeur, sur vingt-un pouces six lignes de hauteur; la rame pesera soixante-six livres et au dessus, et ne pourra peser moins de soixante livres.

448. Le papier dénommé *petit-chapelet*, aura vingt-neuf pouces de largeur, sur vingt pouces trois lignes de hauteur; la rame pesera soixante livres et au-dessus, et ne pourra peser moins de cinquante-cinq livres.

449. Le papier dénommé *grand-atlas*, aura vingt-sept pouces six lignes de largeur, sur vingt-quatre pouces six lignes de hauteur; la rame pesera soixante-dix livres et au-dessus, et ne pourra peser moins de soixante-cinq livres.

450. Le papier denommé *petit-atlas*, aura vingt-six pouces quatre lignes de largeur, sur vingt-deux pouces neuf lignes de hauteur; la rame pesera soixante-cinq livres et au-dessus, et ne pourra peser moins de soixante livres.

451. Le papier dénommé *grand-jésus* ou *super-royal*, aura vingt-six pouces de largeur, sur dix-neuf pouces six lignes de hauteur; la rame pesera cinquante-trois livres et au-dessus, et ne pourra peser moins de quarante-huit livres.

452. Le papier dénommé *grand royal-étranger*, aura vingt-cinq pouces de largeur, sur dix-huit pouces de hauteur; la rame pesera cinquante livres et au-dessus et ne pourra peser moins de quarante-sept livres.

453. Le papier dénommé *petite-fleur-de-lys*, aura vingt-quatre pouces de largeur, sur dix-neuf pouces de hauteur; la rame pesera trente-six livres et au-dessus, et ne pourra peser moins de trente-trois livres.

454. Le papier dénommé *grand-lombard*, aura vingt-quatre pouces six lignes de largeur, sur vingt pouces de hauteur; la rame pesera trente-six livres et ne pourra peser plus de quarante livres, ni moins de trente-deux livres.

455. Le papier dénommé *grand-royal*, aura vingt-deux pouces huit lignes de largeur, sur dix-sept pouces dix lignes de hauteur; la rame pesera trente-deux livres et au-dessus, et ne pourra peser moins de vingt-neuf livres.

456. Le papier dénommé *royal*, aura vingt-deux pouces de largeur, sur seize pouces de hauteur; la rame pesera trente livres et au-dessus, et ne pourra peser moins de vingt-huit livres.

457. Le papier dénommé *petit-royal*, aura vingt pouces de largeur, sur seize pouces de hauteur; la rame pesera vingt-deux livres et au-dessus, et ne pourra peser moins de vingt livres.

458. Le papier dénommé *grand-raisin*, aura vingt-deux pouces huit lignes

de largeur, sur dix-sept pouces de hauteur; la rame pesera ving-neuf livres et au-dessus, et ne pourra peser moins de vingt-cinq livres.

459. Le papier dénommé *lombard*, aura vingt-un pouces quatre lignes de largeur, sur dix-huit pouces de hauteur; la rame pesera vingt-quatre livres et au-dessus, et ne pourra peser moins de vingt-deux livres.

460. Le papier dénommé *lombard-ordinaire* ou *grand-carré*, aura vingt pouces six lignes de largeur, sur seize pouces six lignes de hauteur; la rame pesera vingt-deux livres et au-dessus, et ne pourra peser moins de vingt livres.

461. Le papier dénommé *cavalier*, aura dix-neuf pouces six lignes de largeur, sur seize pouces deux lignes de hauteur; la rame pesera seize livres et au-dessus, et ne pourra peser moins de quinze livres.

462. Le papier dénommé *petit-cavalier*, aura dix-sept pouces six lignes de largeur, sur quinze pouces deux lignes de hauteur; la rame pesera quinze livres et au-dessus, et ne pourra peser moins de quatorze livres.

463. Le papier dénommé *double-cloche*, aura vingt-un pouces six lignes de largeur, sur quatorze pouces six lignes de hauteur; la rame pesera dix-huit livres et au-dessus, et ne pourra peser moins de seize livres.

464. Le papier dénommé *grande-licorne à la cloche*, aura dix-neuf pouces de largeur, sur douze pouces de hauteur; la rame pesera douze livres et au-dessus, et ne pourra peser moins de onze livres.

465. Le papier dénommé *à la cloche*, aura quatorze pouces six lignes de largeur, sur dix pouces neuf lignes de hauteur; la rame pesera neuf livres et au-dessus, et ne pourra peser moins de huit livres.

466. Le papier dénommé *carré* ou *grand-compte*, ou *carré au raisin*, et celui dénommé *au sabre* ou *sabre au lion*, aura vingt pouces de largeur, sur quinze pouces six lignes de hauteur; la rame pesera dix-huit livres et au-dessus, et ne pourra peser moins de seize livres.

467. Le papier dénommé *carré très-mince*, aura les mêmes largeur et hauteur que le carré; et la rame ne pourra peser que treize livres et au-dessous.

468. Le papier dénommé *à l'écu*, ou *moyen-compte*, ou *compte*, ou *pomponne*, aura dix-neuf pouces de largeur, sur quatorze pouces deux lignes de hauteur; la rame pesera vingt livres et au-dessus, et ne pourra peser moins de quinze livres.

469. Le papier dénommé *à l'écu très-mince*, aura les mêmes largeur et hauteur que le papier à l'écu; et la rame ne pourra peser que onze livres et au-dessous.

470. Le papier dénommé *au coutelas*, aura dix-neuf pouces de largeur, sur quatorze pouces deux lignes de hauteur; la rame pesera dix-sept livres et au-dessus, et ne pourra peser moins de seize livres.

471. Le papier dénommé *grand-messel*, aura dix-neuf pouces de largeur, sur quinze pouces de hauteur; la rame pesera quinze livres et au-dessus, et ne pourra peser moins de quatorze livres.

472. Le papier dénommé *second-messel*, aura dix-sept pouces six lignes de largeur, sur quatorze pouces de hauteur ; la rame pesera douze livres et au-dessus, et ne pourra peser moins de onze livres.

473. Le papier dénommé *à l'étoile*, ou *à l'éperon*, ou *longuet*, aura dix-huit pouces six lignes de largeur, sur treize pouces dix lignes de hauteur ; la rame pesera quatorze livres et au-dessus, et ne pourra peser moins de treize livres.

474. Le papier dénommé *grand-cornet*, aura dix-sept pouces neuf lignes de largeur, sur treize pouces six lignes de hauteur ; la rame pesera douze livres, et ne pourra peser plus de quatorze ni moins de dix livres.

475. Le papier dénommé *grand-cornet très-mince*, aura les mêmes largeur et hauteur que le grand-cornet ; et la rame ne pourra peser que huit livres et au-dessous.

476. Le papier dénommé *à la main*, aura vingt pouces trois lignes de largeur, sur treize pouces six lignes de hauteur ; la rame pesera treize livres et au-dessus, et ne pourra peser moins de douze livres.

477. Le papier dénommé *couronne* ou *griffon*, aura dix-sept pouces une ligne de largeur, sur treize pouces de hauteur ; la rame pesera douze livres et au-dessus, et ne pourra peser moins de dix livres.

478. Le papier dénommé *couronne* ou *griffon très-mince*, aura les mêmes largeur et hauteur que la couronne ou griffon ; et la rame ne pourra peser que sept livres et au-dessous.

479. Le papier dénommé *champy* ou *bâtard*, aura seize pouces onze lignes de largeur, sur treize pouces deux lignes de hauteur ; la rame pesera onze à douze livres et au-dessus, et ne pourra peser moins de onze livres.

480. Le papier dénommé *tellière*, *grand-format*, aura dix-sept pouces quatre lignes de largeur, sur treize pouces deux lignes de hauteur ; la rame pesera douze livres et au-dessus, et ne pourra peser moins de dix livres.

481. Le papier dénommé *cadran*, aura quinze pouces trois lignes de largeur, sur douze pouces huit lignes de hauteur ; la rame pesera douze livres et au-dessus, et ne pourra peser moins de dix livres.

482. Le papier dénommé *la tellière*, aura seize pouces de largeur, sur douze pouces trois lignes de hauteur ; la rame pesera douze livres et demie et au-dessus, et ne pourra peser moins de onze livres et demie.

483. Le papier dénommé *pantalon*, aura seize pouces de largeur, sur douze pouces six lignes de hauteur ; la rame pesera onze livres et au-dessus, et ne pourra peser moins de dix livres.

484. Le papier dénommé *petit raisin*, ou *bâton-royal*, ou *petit-cornet à la grande sorte*, aura seize pouces de largeur, sur douze pouces de hauteur ; la rame pesera neuf livres et au-dessus, et ne pourra peser moins de huit livres.

485. Le papier dénommé *les trois O* , ou *trois ronds*, ou *genes* , aura seize pouces de largeur sur onze pouces six lignes de hauteur , la rame pesera neuf livres et au-dessus , et ne pourra peser moins de huit livres et demie.

486. Le papier dénommé *petit-nom-de-Jésus* , aura quinze pouces une ligne de largeur , sur onze pouces de hauteur ; la rame pesera sept livres et demie et au-dessus , et ne pourra peser moins de sept livres.

487. Le papier dénommé *aux armes d'Amsterdam* , *propatria* , ou *libertas*, aura quinze pouces six lignes de largeur, sur douze pouces une ligne de hauteur ; la rame pesera douze à treize livres et au-dessus , et ne pourra peser moins de onze livres.

488. Le papier dénommé *cartier* , *grand-format-dauphiné* , aura seize pouces de largeur, sur treize pouces six lignes de hauteur , la rame pesera quatorze livres et au-dessus , et ne pourra peser moins de douze livres.

489. Le papier dénommé *cartier* , *grand-format* , aura seize pouces de largeur , sur douze pouces six lignes de hauteur ; la rame pesera onze livres et au-dessus , et ne pourra peser moins de douze livres.

490. Le papier dénommé *cartier* , aura quinze pouces une ligne de largeur , sur onze pouces six lignes de hauteur ; la rame pesera onze livres et au-dessus , et ne pourra peser moins de dix livres.

491. Le papier dénommé *au pot, ou cartier ordinaire* , aura quatorze pouces six lignes de largeur, sur onze pouces six lignes de hauteur , la rame pesera dix livres et au-dessus , et ne pourra peser moins de neuf livres.

492. Le papier dénommé *pigeonne* ou *romaine* , aura quinze pouces deux lignes de largeur, sur dix pouces quatre lignes de hauteur ; la rame pesera dix livres et au-dessus, et ne pourra peser moins de huit livres et demie.

493. Le papier dénommé *espagnol* , aura quatorze pouces six lignes de largeur, sur onze pouces six lignes de hauteur ; la rame pesera neuf livres et au-dessus , et ne pourra peser moins de huit livres.

494. Le papier dénommé *le lys* , aura quatorze pouces une ligne de largeur, sur onze pouces six lignes de hauteur ; la rame pesera neuf livres et au-dessus , et ne pourra peser moins de huit livres.

495. Le papier dénommé *petit à-la-main ou main-fleurie*, aura treize pouces huit lignes de largeur, sur dix pouces huit lignes de hauteur ; la rame pesera huit livres et au-dessus , et ne pourra peser moins de sept livres et demie.

496. Le papier appelé *petit-Jésus* , aura treize pouces trois lignes de largeur, sur neuf pouces six lignes de hauteur ; la rame pesera six livres et au-dessus , et ne pourra peser moins de cinq livres et demie.

497. Toutes les différentes sortes de papier au-dessous de neuf pouces six lignes de hauteur , seront de largeurs, hauteurs et poids qui seront demandés.

498. Le papier appelé *trasse*, ou *tresse*, ou *étresse*, ou *main-brune*, le papier

brouillard ou *à la demoiselle*, et les papiers *gris* et de *couleur* seront des largeurs, hauteurs et poids qui seront demandés.

FAIT et arrêté au conseil royal des finances, tenu à Versailles le dix-huitième jour de septembre mil sept cent quarante-un. *Signé*, ORRY.

Des papiers destinés pour le Levant.

499. PAR un arrêt du conseil, du 13 juin 1724, il avait été pourvu aux différens objets qui intéressent le commerce du papier dans le Levant. Le 14 février 1739, il y a eu un second réglement qui a renouvelé ou changé les dispositions du précédent : nous allons rapporter sommairement ce qu'il contient de remarquable.

500. LES différentes sortes de papier destinées à être envoyées dans le Levant, doivent être fabriquées avec les précautions et l'exactitude prescrites par les deux arrêts précédens.

501. IL y a trois sortes de papier qui sont en usage dans le commerce du Levant, et dont les dimensions ne sont pas comprises dans le tarif de 1741. Le papier appelé *aux trois croissans, façon de Venise*, doit avoir 17 pouces sur 12 pouces et demi, et peser au moins 16 livres, poids de marc, revenant à 20 livres, poids de table. Le premier dénommé *aux trois croissans* ou *trois lunes*, aura seize pouces sur douze, et pèsera au moins quatorze livres dix onces, poids de marc. Le papier appelé *croisette*, aura quinze pouces cinq lignes de largeur, sur onze pouces six lignes de hauteur ; et la rame pesera au moins sept livres six onces, poids de marc, revenant à neuf livres quatre onces, poids de table.

502. LES papiers appelés *couronne*, *cartier*, *à la cloche*, destinés pour le Levant, sont un peu différens de ceux du précédent tarif.

503. TOUS ces papiers ne peuvent être commercés que par le port de Marseille ; il doivent y être marqués, à défaut de quoi les consuls de la nation française seraient fondés à les renvoyer en France aux frais du négociant.

De la quantité de papier qu'un ouvrier de cuve doit fournir suivant l'usage.

504. NOUS avons réservé cet article pour être placé à la fin du tarif, quoiqu'il en ait été question au §. 248, parce qu'il suppose qu'on connaisse les noms, les grandeurs et les poids des différentes sortes de papier dont nous avons à parler. Les quantités de papier que les ouvriers de cuve doivent fournir, sont fixées par un usage assez général en France ; cependant il leur est fort aisé d'en faire davantage ; leurs journées sont presque toujours finies vers deux ou trois heures de l'après-midi : mais on craindrait de leur augmen-

ter l'ouvrage, ils voudraient toujours avoir fini de bonne heure, et le travail
en serait plus mauvais. Dans les petits moulins écartés, et dans les provinces
où le propriétaire travaille lui-même pour son compte, les journées sont plus
fortes, et les produits plus considérables, comme on le peut voir, §. 404.

505. Les ouvriers de cuve ne fournissent qu'une rame par jour du papier
grand aigle, qui pèse environ 130 livres la rame ; lorsqu'ils font du grand soleil, ils rendent une rame dix mains.

	rames.	mains.
Grand-colombier ou impérial, chapelet, grand atlas. . . .	2	o
Soleil, petit soleil, grande-fleur-de-lys, petit-chapelet, à l'éléphant.	2	10
Grand-Jésus, ou super royal.	3	o
Grand-royal-étranger.	3	10
Grand-raisin fin double, ou moyen double.	4	o
Petite-fleur-de-lys, grand-lombard bulle ou trasse, ou gris collé, royal bulle, grand-royal bulle, grand-raisin ordinaire, fin moyen ou bulle.	5	o
Petit-royal bulle, lombard ordinaire ou grand carré, mauvais bulle, grand messel.	6	o
Grand-cartier ou grand-format-dauphiné, champy ou bâtard, tellière grand format, double-cloche bulle.	7	o
Cavalier fin et moyen, carré ou grand-compte, fin, moyen et bulle, écu ou pomponne, au coutelas, à la main. . . .	7	4
Petit-cavalier fin et moyen, aux armes d'Amsterdam, à l'étoile ou l'éperon, ou longuet, tellière, couronne ou griffon, pan- talon, cartier grand format.	7	10
Grande-licorne à la cloche bulle, cadran, cartier.	8	o
Petit-raisin ou bâton-royal ou petit cornet à la grande sorte. . . . . 9 rames ou	8	10
A la cloche, moyen ou bulle, ou pot au cartier ordinaire. .	8	10
Les trois O ou trois ronds. . . . . . 9 ou 10 rames, ou	8	10
Petit nom de Jésus fin et moyen, espagnol, le lys, petit à la main, ou main fleurie, petit-Jésus qui pèse six livres la rame. .	9	o

Des papiers gris et autres, qui ne servent ni à l'écriture ni à l'impression.

506. La matière des papiers *bruns*, *roux* ou *musques* qui se fabriquent à
Rouen, n'est autre chose que les rets ou filets de pêcheurs, et les cordages
de navires usés ; la couleur dont ces matières premières sont empreintes, se
conserve malgré le lavage et la trituration des piles.

507. La *demoiselle mince* est faite avec les filets les plus fins, dont les fils sont plus minces et les mailles plus serrées; la pâte en est bien battue : elle reste plus long-tems sous les piles ; elle y perd davantage sa couleur primitive ; c'est pourquoi elle est plus *blonde*, et comme d'une couleur fauve ou de cannelle.

508. La *demoiselle forte*, dont la couleur est un peu plus rembrunie, reste moins de tems sous les piles.

509. Le *joseph-raisin* et le *carré-musc* sont faits du second triage, c'est-à-dire, des filets et cordages d'une moindre finesse ; ils sont moins affinés, et ils ont aussi plus de couleur.

510. Ces deux sortes sont principalement employées au ployage des toiles de Saint-Quentin, Beauvais, Troyes, parce que leur couleur rembrunie augmente l'éclat de la blancheur des toiles. On soupçonne les fabricans d'employer un peu de suie dans leurs mortiers, pour augmenter le brun de ces papiers.

511. Le *papier à sacs*, qui est fait de gros filets et de débris de cordages, est aussi très-brun ; mais comme il se vend au poids, on soupçonne quelquefois les fabricans d'y détremper quelques parties terreuses, pour en augmenter le poids : sans cela, on ne comprendrait guère comment il peut être aussi cassant qu'il l'est, malgré sa grande épaisseur.

Etat des différens papiers qui se fabriquent aux environs de Rouen, leur nom dans le commerce, leur usage, leur grandeur, leur poids ; enfin, leur prix moyen en 1761.

Demi-blancs collés pour enveloppes.

Papier.	Longueur.	Largeur.	Poids.	Prix.
Fleur-de-lys.	18 pouces.	24 pouces.	40 à 42 livres.	10 liv.
Bas à homme.	16 ½.	20 ½.	30 à 38.	8 liv.
Bas à femme.	14 ¼.	18 ½.	25 à 26.	6 liv.
Raisin collé.	16 ½.	20 ½.	25 à 26.	6 liv.
Longuet.	15 ½.	23.	25 à 26.	6 liv.
Joseph.	14 ¾.	18 ½.	16 à 17.	4 liv.

Blancs fluans.

Papier.	Longueur.	Largeur.	Poids.	Prix.
Raisin.	16 ½.	20 ½.	20 à 22.	3 liv. 10 s.

(Il esrt à faire le papier marbré.)

Papier.	Longueur.	Largeur.	Poids.	Prix.
Joseph.	15.	19 ½.	14 à 15.	2 liv. 10 s.
Carré.	13 ½.	16 ½.	13 à 14.	2 liv.

(Ces deux sortes servent pour l'impression de l'almanach de Liége.)

Gris collés.

PAPIER.	LONGUEUR.	LARGEUR.	POIDS.	PRIX.
Raisin.	$16\frac{1}{2}$ pouc.	$20\frac{4}{7}$ pouc.	30 à 32 livres.	6 liv.

(Il sert pour les enveloppes.)

Main-brune.	$11\frac{1}{2}$	$14\frac{1}{2}$	9 à 10	1 liv. 15 sols.
Etresse	$11\frac{1}{2}$	$14\frac{1}{2}$	18 à 20	3 liv. 10 sols.

(Ces deux sortes ne servent que pour faire l'ame ou le dedans des cartes à jouer.)

Papiers gris pour enveloppes.

PAPIER.	LONGUEUR.	LARGEUR.	POIDS.	PRIX.
Fleur-de-lys.	18	$24\frac{1}{2}$	42 à 45	7 liv.
Raisin, lombard.	$16\frac{1}{2}$	$20\frac{1}{2}$	25 à 26	3 liv. 10 sols.
Dart.	$17\frac{1}{2}$	24	40 à 42	6 liv.
Camelotier.	$14\frac{1}{2}$	18	17 à 18	2 liv.
Carré.	$13\frac{1}{2}$	$16\frac{1}{2}$	17 à 18	2 liv.
Gargouche	$16\frac{1}{2}$	$20\frac{1}{6}$	12 à 18	

(On s'en sert pour calfater, et pour faire des fusées ; il varie beaucoup en force : on le vend au poids, 15 liv. le cent.)

Le papier appelé grande et petite échelle, et qui sert pour les cartons, n'a pas de grandeur fixe ; il se vend aussi au poids, 15 liv. le cent.

Papiers bruns.

PAPIER.	LONGUEUR.	LARGEUR.	POIDS.	PRIX.
Demoiselle mince.	$10\frac{1}{2}$	13	3 à $3\frac{1}{2}$	26 à 30 sols.

(Il sert aux coiffeurs pour faire des papillottes.)

Demoiselle forte.	$10\frac{1}{2}$	13	9 à 10	38 à 40 sols

(Il sert à faire des calottes.)

Joseph-muc.	$14\frac{1}{4}$	$18\frac{1}{2}$	20 à 22	50 à 60 sols.
Raisin.	$16\frac{1}{2}$	$20\frac{1}{2}$	30 à 32	3 l. 10 s. à 4 liv.
Carré.	$22\frac{1}{2}$	$22\frac{1}{2}$	40 à 42	9 à 10 liv.

(Ils servent à faire des sacs et des enveloppes : le *joseph* et le *raisin* se vendent aussi au poids, 7 à 8 liv. le cent.

Papiers bleus.

PAPIER.	LONGUEUR.	LARGEUR.	POIDS.	PRIX.
Raisin.	$16\frac{1}{2}$	$20\frac{1}{2}$	25 à 26	6 à 7 liv.
Joseph.	$14\frac{1}{4}$	$18\frac{1}{2}$	20 à 22	4 à 5 liv.

(Ils se vendent au poids, 25 livres le cent.)

Des différentes matières qui pourraient servir à faire du papier.

512. QUOIQUE la matière du chiffon soit très-commune ; nous verrons, par l'exemple des Orientaux (§. 556), que le papier pourrait être encore à peu près aussi commun qu'il est, quand même on le tirerait immédiatement des plantes ; ainsi ce ne sera point un détail inutile que celui où nous allons entrer, des matières différentes dont on pourrait faire du papier par la trituration.

513. LORSQUE le chiffon propre à faire du papier blanc est devenu rare, les ouvriers emploient celui qui dans d'autres tems servirait pour le gros papier, et ils préparent ce chiffon en le faisant passer par l'eau de chaux. Au moyen de cette préparation, ils détruisent les corps étrangers qui se trouvent dans ces matières grossières ; mais en même tems ils décomposent les fibres ligneuses, ils les détruisent aussi en partie, et perdent beaucoup de la substance effective qui pouvait servir à d'autres qualités de papier.

514. C'EST pour subvenir à ce déchet, que M. Guetard fit autrefois à Etampes diverses tentatives pour suppléer aux chiffons, en prenant des plantes qui n'auraient point passé par l'état de toile et de drapeaux, dans lesquelles il sentit qu'on devait trouver le papier, quoique plus difficile à en extraire.

515. ALBERT SEBA, dans son *Trésor d'Histoire naturelle*, invite aussi les curieux à travailler à ce projet. « Il me semble, dit-il, que nos pays ne manquent » pas d'arbres convenables pour faire du papier, si l'on voulait s'en donner le » soin et en faire la dépense : l'*algue marine*, qui est composée de filamens » longs, forts et visqueux, ne serait-elle pas propre à ce dessein, de même » que les *mattes* de Moscovie, si on voulait les préparer comme les Japonais » préparent un de leurs arbres ? Les curieux pourront du moins l'essayer. »

516. LE P. du Halde et les autres auteurs nous apprennent que le papier des Chinois se fait indifféremment avec plusieurs espèces de plantes, comme on le verra, §. 556. Kæmpfer et Seba nous apprennent que le papier du Japon se fait avec la seconde écorce d'une espèce de mûrier. (V. ci-après, §. 581.) M. de la Loubère dit que les Siamois le font avec de vieux linge de coton, ou avec l'écorce d'un arbre nommé dans le pays, *toncoë*. Flacourt décrit la façon dont les habitans de Madagascar fabriquent le leur avec une espèce de mauve qu'ils appellent *avo*. Enfin tous les voyageurs, tant dans les Indes que dans l'Amérique, racontent avec emphase les avantages que l'on retire des palmiers pour les étoffes ; sans doute il serait aussi aisé d'en faire du papier.

517. LA facilité que les moulins à papier des environs d'Etampes fournissaient à M. Guetard pour faire des expériences sur les plantes propres à faire du papier, lui en fit amasser plusieurs. Après avoir surmonté toutes les difficultés que l'on trouve toujours dans les ouvriers, lorsqu'il s'agit de les enga-

ger à faire quelque chose de nouveau dans la pratique de leur art, il parvint à faire plusieurs expériences curieuses. Nous allons en rendre compte, après avoir rapporté ses réflexions sur diverses plantes qui forment, pour ainsi dire, l'histoire botanique de la papeterie.

518. Dans le grand nombre des plantes dont on s'est servi pour faire du papier, ou qu'on a soupçonné propres à cet usage, le botaniste aperçoit un ordre régulier. Les hommes de différens pays ont été conduits par une espèce d'analogie naturelle ; ils n'ont point été chercher des plantes qui fussent trop éloignées de celles qui étaient déjà en usage : ils en ont bien pris dans différens *genres*, et même dans *différentes classes*, mais toujours dans certaines limites, probablement sans en faire l'observation. En effet, la plupart de ces plantes ne semblent composées que de longues fibres longitudinales, plus ou moins serrées, et recouvertes d'une substance qui en remplit les intervalles : telles sont les *palmifères*, les *graminées*, les *liliacées*, les *staminées*, les *malvacées*.

519. La classe des palmifères est une de celles qui ont le plus servi aux Indiens, aux Asiatiques, aux Américains, pour leurs habillemens et pour les cordages, les voiles des navires, et autres ustensiles : presque toutes les parties de ces arbres y ont été employées, quoique l'on n'ait pas pris indifféremment toutes les parties du même arbre. Ces peuples ont choisi dans le palmier qu'ils trouvaient chez eux, ce qu'il y avait de plus propre à leurs travaux. Dans les uns, on a choisi la *spathe* qui enveloppe le *régime* des fruits, avant leur maturité, ou celle qui soutient les jeunes feuilles ; dans d'autres, on a employé la bourre qui entoure le fruit ; dans d'autres espèces, on a choisi les feuilles jeunes et tendres ; dans d'autres enfin, on a préféré l'écorce. Dans le *cocotier*, on a pris le fruit, la spathe, les feuilles et l'écorce, suivant le rapport des voyageurs. Rumphius, dans son *Histoire des plantes d'Amboine*, en dit autant du *calapa*. Le *pinanga*, le *lontarus* sauvage, le *tecum*, l'*hakum*, le *wanga*, autres espèces de palmier, fournissent par leurs feuilles un fil plus ou moins fin, dont ces peuples font des étoffes ; ils ont même préparé les feuilles de l'*hakum* et du *soribi*, pour s'en servir au lieu de papier.

520. Si l'on en croit à l'*Histoire des plantes*, de Rai, tome II, pag. 1358, le cocotier renferme dans sa moëlle une main de papier de 50 ou 60 feuilles, sur lesquelles on peut écrire. Il en est de ce livre du cocotier, comme de celui que l'on trouve dans le milieu d'un fruit du Pérou, dont parle M. Frézier dans son *Voyage de la mer du Sud* ; cela veut dire probablement, que la moëlle du palmier et la pulpe de ce fruit peuvent aisément se mettre en feuillets. C'est d'un sureau que se tirent ces belles fleurs artificielles que l'on nous apporte de la Chine ; et l'on a vu des livres faits avec la racine d'une espèce de mauve, qui ne demande, pour tout travail, que d'être séchée avec art, et détachée par feuillets.

521. On a employé à peu près aux mêmes usages le *musa* ou *bananier*, appelé aussi *figuier d'Adam*, à cause de la grandeur prodigieuse de ses feuilles, qui finissent chacune par envelopper un homme, et s'emploient en effet à la sépulture des morts.

522. La classe des liliacées renferme les aloës et l'yucca, plantes très-filamenteuses et fibreuses, et propres à faire du papier; on a tiré des aloës le fil de pitte, connu par la propriété qu'il a de ne point s'étendre, et par l'usage qu'on en fait dans les expériences de physique. Le P. du Tertre, Hist. nat. des Antilles, décrit la manière dont on tire ce fil de la plante: Hans-Sloane, dans le Catalogue des plantes de la Jamaïque, parle aussi de ces aloës : sa seconde espèce est celle que Gaspard Bauhin, dans son *Pinax*, p. 20, appelle onzième espèce de papier.

523. Clusius, dans son Traité des Plantes exotiques, page 6, parle d'une pelotte de fil fait d'une écorce d'arbre qui, selon Sloane, est encore le même aloës. Jean Bauhin, Histoire des Plantes, tome I, p. 384, copie Clusius, et dit que ce fil est très-fin et très-blanc.

524. La troisième espèce d'aloës de Sloane, qui est cependant une vraie espèce d'yucca, est connue dans Laët, page 645, sous le nom d'excellente espèce de chanvre ou de lin, qui approche beaucoup de la soie. Seba a donné, dans son premier volume, la figure de deux feuilles d'une plante qu'il nomme *jonc aquatique de Surinam*, composé de fils innombrables, et il observe que ce jonc mérite d'être examiné par rapport à l'utilité qu'on en pourrait retirer.

525. C'est de la classe des graminées, que l'on a tiré la matière du premier papier qui mérite ce nom, ainsi qu'on l'a vu au commencement de la description de cet Art. Dodan a regardé la *masse d'eau* comme une plante propre au papier, et l'a également appelée *papyrus*.

526. Le *bambou*, dont les Chinois se servent, est aussi une plante de la même classe : il est appelé roseau en arbre dans G. Bauhin, page 18.

527. Le bouleau, qui est de la classe des *fleurs à chaton*, a été un des premiers arbres dont l'écorce ait servi à écrire : par le moyen d'écorce, il faut toujours entendre, ce semble, la couche intérieure placée sous la grosse écorce, et destinée à devenir ligneuse, qui a toujours été appelée *liber*.

528. Rumphius décrit deux arbres à chaton, qu'il appelle *gnemon* domestique, et *gnemon* champêtre. Selon lui, les habitans d'Amboine tirent un fil de l'écorce des rameaux qu'ils battent un peu : ce fil leur sert à faire des rets, qu'il font bouillir dans une certaine infusion pour les rendre meilleurs, et moins sujets à se pourrir. Cette manipulation mériterait d'être examinée ; on en tirerait peut-être de quoi perfectionner les cordages des navires et les filets de pêcheurs.

529. Le chanvre, le mûrier et l'ortie appartiennent à une même classe de

plantes dont les fleurs sont *incomplètes* ; aussi ces plantes ont-elles été employées toutes à faire du papier.

530. KÆMPFER, dans le Catalogue des plantes du Japon, parle d'une plante dont le nom peut être rendu par celui de *chanvre blanc*, et que cet auteur appelle grande ortie commune, qui porte de vraies fleurs, et qui donne des fils forts et propres à faire des toiles et autres ouvrages.

531. KÆMPFER et Seba appellent mûrier ou *papyrus* l'arbre dont se fait le papier au Japon, comme on le verra bientôt. §. 581. Et en effet, le fruit de cet arbre est semblable à celui du mûrier. Le P. du Halde, tome II, p. 212, dit que le même mûrier dont les Chinois emploient les feuilles à nourrir les vers à soie, fournit des branches dont l'écorce sert à faire du papier assez fort pour couvrir les parasols ordinaires.

532. ON peut placer ici une plante que les Japonais emploient à faire du papier, et dont on ne voit pas exactement la classe dans le rapport de Kæmpfer : il l'appelle *papyrus qui se couche sur terre, qui donne du lait, qui a ses feuilles en lame, et l'écorce bonne pour le papier.*

533. M. Guetard place aussi dans cette classe un arbre dont parle Seba, tome II, tab. 168, 169, *à feuilles larges, longues, tronquées, lisses, luisantes, semblables à celles du laurier, dont l'écorce intérieure se peut étendre en toile fine comme de la mousseline : cet arbre se nomme lagetto.* Les peuples chez qui il croît, en font des vêtemens.

534. LE chanvre, comme étant dans la même classe, peut servir aussi de la même manière à faire du papier, même sans avoir passé par l'état de chiffon. Le père du Halde rapporte qu'à *Nangha* on fait le papier avec du chanvre battu, et mêlé dans de l'eau de chaux, tome IV, page 373 ; et M. Guetard ne doute pas que les chénevottes, ou ce qui tombe sur la *braie* ou *banselle*, lorsqu'on prépare le chanvre et le lin, ne pussent servir au même usage. Dans les corderies et dans les arsenaux, où l'on fait de grandes consommations de chanvre, on ne fait que faire des *étoupes* ; on les jette, ou bien on s'en sert comme de fumier pour les couches des jardins : cependant cette substance est de la même nature que celle de la toile, dont nous tirons ensuite le papier.

535. M. Guetard a fait pourrir et battre de la filasse bien nettoyée de toute la moëlle qui tombe sous les instrumens, lorsqu'on prépare le chanvre ; il en résulta du papier très-fort. Il employa ensuite les chénevottes de chanvre comme une matière des plus communes ; après les avoir fait pourrir dans l'eau, il les fit battre : on y joignit par mégarde un amas de mauves et d'orties qu'il avait fait pourrir à part : on en tira une pâte qui avait déjà quelque liaison, et qui en aurait eu probablement davantage, si ces différentes matières eussent été traitées séparément d'une manière convenable (*).

(*) Journal économique, août 1751, p. 102.

536. Il est parlé, dans le Journal économique du mois d'avril 1751, d'une manufacture de fil d'ortie qui s'établissait à Leipsick. La plante appelée *urtica urens maxima*, assez commune en France, étant cueillie encore verte dans le tems néanmoins où ses tiges sont à moitié flétries, on la faisait sécher, ensuite meurtrir de manière à pouvoir tirer le bois du milieu de l'écorce. Cette écorce est une espèce d'étoupe verte qu'on peut préparer comme du lin, qui se file, et qui donne un fil d'un brun verdâtre, très-uni, très-clair, et ressemblant à peu près à un fil de laine : ce fil étant bouilli, jette un suc verdâtre ; mais il devient ensuite plus blanc, plus uni et plus ferme. Ces expériences, qui ont été faites en grand et avec succès pour parvenir à faire de la toile, réussiraient sans doute également, s'il s'agissait de faire du papier.

557. La classe des *malvacées* fournit également des plantes à papier : tous les *mahot* donnent une filasse propre aux cordages. M. Sloane, dans son Catalogue des plantes de la Jamaïque, parle de deux mauves qui ont cette propriété ; l'une est une *mauve en arbre des bords de la mer, à feuilles arrondies, petites, aiguës, blanches en-dessous, qui a la fleur jaune, et dont l'écorce peut se mettre en filasse*, pag. 95 : c'est un *mahot* du P. du Tertre. L'autre est une *mauve en arbre, à feuilles rondes, qui donne une grande fleur de couleur de carmin, semblable à celle du lys, dont l'écorce donne du fil.* Enfin, le *coton* dont on a fait tant d'usage pour le papier, est une plante malvacée. M. Guetard, avec du coton ordinaire suffisamment battu, a fait un papier uni, blanc, fort, et qui promettait tous les avantages du nôtre. Cette expérience ne serait pas indifférente dans des pays où le chanvre est aussi rare que le coton y est commun. Puisque la bourre qui entoure le fruit du coton est si propre au papier, ne pourrait-on point faire usage de celle des saules, si leurs chatons, dont la terre est quelquefois toute couverte, étaient ramassés avec soin ? Il serait aisé d'en faire l'expérience.

558. Le *linagrostis*, dont les prés maigres sont quelquefois remplis, fournit encore un semblable duvet qu'il serait bon de mettre en expérience, aussi bien que les apocins, le bois de trompette, et une multitude d'autres plantes. Le duvet de l'*apocin*, appelé *ouette, apocynum majus syriacum erectum*, a donné aussi des feuilles d'un papier assez fort pour pouvoir être étendu sur des cordes, et y sécher, mais qui se déchirait trop facilement. Ce duvet d'apocin n'est composé que de poils, d'aigrettes ou espèces de plumes qui sont sèches et peu flexibles, au lieu que le coton est une bourre qui transpire de la semence par de petits points qu'on y aperçoit aisément à la loupe. Ce duvet file d'abord ainsi que de la gomme fluide, ensuite il se durcit à l'air. Il en est de même de la bourre des chardons, tels que le chardon bénit des Parisiens ; il se filtre par des glandes placées dans l'intérieur des écailles dont leur tête est formée. On verra (§. 545) la manière dont on pourrait lier

ce duvet, aussi bien que les autres matières trop sèches, et peut-être l'a-t-on déjà pratiqué ; du moins Pline et la plupart des botanistes prétendent qu'on s'est servi de la bourre de certains chardons pour faire des étoffes, surtout de celle qui est appelée *carduus tomentosus latifolius*, *ou acanthium*. (*Achanthion*) Diosc. *folia gerit spinæ albæ similia, in summo vero eminentias aculeatas araneosa lanugine obductas, equa collecta texlaque vestes bombycinis similes fieri aiunt.* Bauh. pin. 382.

539. INDÉPENDAMMENT des classes de plantes dont on vient de parler, le lin, le tilleul, le charme, et même les chardons, quoique placés dans d'autres classes, ont encore la propriété de former du papier ; car le chiffon de lin est recherché dans nos manufactures, et le tilleul s'emploie à faire des cordes : ce qui indique assez une flexibilité capable de former du papier.

540. LE même auteur, en parlant du *luffa Arabum*, qu'il regarde comme une espèce de concombre, dit que l'intérieur de son fruit, lorsqu'on a ôté les semences, n'est qu'un réseau que l'on dirait être du lin ; et il conjecture qu'on en pourrait tirer une filasse, comme, suivant Théophraste, les Ethiopiens et les Indiens en tiraient de leurs pommes colonacées, et comme les Arabes en tiraient de la courge, selon le témoignage de Pline.

541. SEBA a soupçonné qu'on pouvait faire aussi du papier avec des plantes de mer, telles que l'*algue marine*. Il est vrai qu'elle acquiert une grande blancheur, lorsqu'à force d'être lavée par les eaux de la mer, par les pluies et les rosées, elle vient à perdre cette glu dont toutes les plantes marines sont couvertes.

542. LES *fucus* ou *varecs* qui couvrent, pour ainsi dire, le bord de la mer, et dont on se sert pour fumer les terres, y acquièrent aussi de la blancheur ; et M. Guetard a même remarqué qu'ils conservaient encore leur consistance et leur figure : qualité qui les rendrait propres au travail du papier.

543. LA plante appelée *conferva Plinii*, qui se trouve non-seulement sur le bord de la mer, mais dans tous nos étangs, semble être filamenteuse et propre au même usage ; et Loysel, dans son Catalogue des plantes de la Prusse, l'appelle *mousse aquatique à filamens soyeux et très-fins*. On en a fait des épreuves : une princesse entreprit de la filer ; mais on a reconnu qu'en se desséchant elle devenait trop cassante.

544. M. Guetard a traité sans succès la plante appelée *alga vitrariorum* les *coralloïdes* et le *conferva Plinii* ; la pâte n'a pu se lier. Il semble que les parties de ces plantes soient parenchymateuses, lisses, vésiculaires et arrondies, au lieu d'être fibreuses, filamenteuses et hérissées, comme l'exige la formation du papier ; à la vue cependant on y serait trompé. On présenta à l'Académie, il y a déjà bien des années, une matière cotonneuse, trouvée aux environs de Metz dans le fond d'un étang, dont les habitans espéraient de grands

avantages pour le commerce ; mais il se trouva que ce n'était autre chose que le *conferva* dont nous venons de parler.

545. M. Guetard propose aussi quelques vues avec lesquelles on pourrait corriger les défauts de la *ouette* ou du *conferva*, pour les rendre propres au papier.

546. Si, par exemple, lorsque les plantes sont assez battues, on substituait à l'eau simple une eau gommée ou mucilagineuse, une eau dans laquelle on aurait fait bouillir des rognures de peaux, des racines de guimauve, de grande consoude, ou autres matières semblables, on enduirait par-là les parties de la pâte d'un intermède, capable de les lier (81). Peut-être suffirait-il que l'eau qu'on met dans la *cuve de l'ouvrier* (§. 258), fût aussi préparée.

547. PEUT-ÊTRE aussi qu'en formant les feuilles par compression, au lieu de les former à la manière ordinaire par immersion, on rendrait les parties de la pâte plus adhérentes les unes aux autres.

548. LES amas formés par la réunion de différens poids de *conferva*, sont déjà d'une certaine épaisseur et difficiles à déchirer. Ainsi, en étendant la pâte faite avec cette plante, on pourrait donner à chaque feuille l'épaisseur que l'on voudrait, et la compression ferait ensuite le reste. Il pourrait arriver qu'il ne fût pas possible de faire des feuilles aussi minces que celles du papier ordinaire, mais quand on ne parviendrait qu'à faire du carton, ce serait encore un objet digne des recherches d'un physicien ou d'un fabricant curieux.

549. LA ouette devrait sur-tout inspirer ce désir : le papier qui en provient a un éclat et un brillant argenté, qui pourrait être bon dans certains cas ; son duvet peut se filer et se tramer, du moins lorsqu'on le mêle avec d'autres substances. M. Rouvierre obtint, il y a plusieurs années, un privilége pour faire fabriquer avec cette plante des étoffes qu'on appelait étoffes de *chardon*; en conséquence on en fit des plantations à Arnouville, dans le bois de Boulogne, et ailleurs. Ce duvet ne coûtait déjà que 4 liv. la livre (82), quoique la plante fût encore rare en France, lorsque les travaux de cette manufacture ont été interrompus par diverses contestations.

550. M. de Réaumur avait pensé que les bois qui se pourrissent, pouvaient aussi être employés à former du papier. En effet, la décomposition qu'a souffert le chanvre qui a été roui, filé, blanchi un grand nombre de fois, qui a fermenté dans le pourrissoir, et qui a été pilé pendant plusieurs heures, n'a-t-elle point quelque rapport avec du bois qui se décompose en se pourrissant ? Ce n'est pas qu'il fallût attendre le dernier degré de pourriture; on a besoin, pour

---

(81) On parvient par-là à lier les parties ; mais le papier serait si cassant, qu'on aurait de la peine à en faire usage.

(82) Ce serait une matière bien chère.

En proposant toutes les plantes sauvages, il faut compter la culture, qui deviendrait nécessaire, au cas que l'on se déterminât à les employer en grand.

le papier , d'un degré de décomposition qui n'ait pas encore ôté à la plante tout son liant. Les guêpes savent bien choisir les bois qui sont à un degré capable de former leurs cartons : en effet , les dehors d'un guêpier semblent n'être que du papier ou du carton ; et c'est avec du bois pourri apprêté à leur manière qu'elles parviennent à le former (83). *Mém. sur les Insectes*, tome VI.

551. LA nature même opère , sans le secours d'aucun art , un papier très-fin avec des plantes pourries au fond de l'eau. M. Guetard a observé dans des mares d'eau de la forêt de Dourdan, qui avaient été desséchées, des masses d'une matière totalement semblable à du papier ; c'était un assemblage de feuillets qu'il était facile de séparer , et qui se déchiraient comme du papier (Observations sur les plantes des environs d'Etampes , tome I , page 5 et 6) ; et , quoiqu'il ne pût pas déterminer exactement si ce papier n'était formé que de feuilles pourries , ou s'il était dû à une espèce de *byssus* , il lui parut cependant que les feuilles et les plantes pourries y avaient la principale part.

552. APRÈS cela , ce ne serait peut - être pas dire trop, que d'avancer que toutes les plantes peuvent servir à faire du papier ; mais du moins , pour le faire aisément et d'une bonne espèce, il faut plusieurs qualités dans les plantes que l'on choisit : il faut que les fibres soient susceptibles d'acquérir de la blancheur ; que ces fibres soient spongieuses , capables d'être pénétrées par les liquides qu'on emploie pour les réduire en papier : il faut que ces fibres puissent se séparer sans se détruire ; qu'elles puissent se réduire en une bouillie presque sans consistance , dont les molécules soient douces, fines , cotonneuses. Il faut enfin qu'après la dessiccation , elle reprennent une nouvelle consistance ; que ces fibres qui étaient délayées dans l'eau , s'entrelacent de nouveau , et qu'elles conservent encore , après leur nouvelle réunion, la douceur , la porosité et la blancheur.

553. TANT de qualités nécessaires à la formation du papier, doivent limiter beaucoup le nombre des plantes propres à cet usage.

554. Les matières animales ont également servi aux expériences de M. Guetard ; il crut que les coques des chenilles communes qui , dans certaines années, dévastent nos campagnes , seraient peut-être très-propres au même usage. En effet, après les avoir nettoyées des feuilles , et les avoir fait battre , il en a formé un papier qui , quoique gris et imparfait, lui a donné lieu d'espérer beaucoup des expériences qui seraient faites avec plus de soin. N'ayant eu qu'une petite quantité de ces coques, il fut obligé de les battre à la main dans un mortier ordinaire ; et cette opération est bien moins parfaite que

(83) Il ne parait pas que cette idée de M. de Réaumur puisse jamais être utile. La putréfaction détruit les petits filamens du bois , en sorte que cette matière ne parait pas propre à l'usage proposé. Si les guêpes en font des nids bien liés , c'est qu'elles y emploient des sucs très-visqueux.

celle des moulins. Les pilons ou les cylindres ont un mouvement bien plus uniforme, qu'un ouvrier qui pile dans un mortier : d'ailleurs les matières ne peuvent pas être nettoyées dans ce mortier par un courant d'eau semblable à celui d'un moulin à papier, qui lave et qui entraîne continuellement tout ce qui est dissous dans l'eau, la graisse, l'huile, les matières sales et colorantes, et qui cause enfin toute la blancheur du papier (§. 136). Ainsi il n'est pas étonnant que M. Guetard ait eu un papier qui manquait de blancheur ; celui des plus beaux chiffons serait gris, s'il n'était pas lavé pendant plusieurs heures. M. Guetard trouva même dans son papier de chenille des points noirs provenus des excrémens de chenilles, qui étaient entrelacés dans les brins de soie : les parties des feuilles d'arbres qui étaient restées auraient été emportées par le courant de l'eau ; enfin les fils eux-mêmes de la soie, ne peuvent-ils pas être enduits d'une matière plus terne et plus sale que l'intérieur, dont le lavage du moulin les dépouillerait, aussi bien qu'il nettoie de la toile, puisqu'on a toujours du papier plus blanc que les chiffons qu'on a employés à le faire ?

555. C'est ici probablement la cause pour laquelle on ne voit point dans le papier de la Chine la blancheur de notre papier, quoiqu'il ait plus de finesse et plus de force ; mais cela est-il étonnant, si, comme il paraît par ce qu'on nous en rapporte on ne connaît pas à la Chine la manière d'établir ce courant d'eau qui s'écoule sans cesse, et lave avec force pendant plusieurs heures notre chiffon, et que nous regardons avec raison comme l'unique cause de sa blancheur ? (§. 571.)

Du Papier de la Chine.

556. La finesse, la douceur et la force du papier qui se fait à la Chine, lui ont fait donner souvent le nom de *papier de soie.* Bien des personnes, trompées par l'apparence et par le nom, ont cru qu'il était fait réellement avec de la soie ; mais en l'examinant avec soin, on trouve communément que c'est une substance végétale. La soie et toutes les substances animales brûlent sans s'enflammer, se crispent, se racornissent, exhalent une vapeur oléagineuse et une odeur désagréable : au contraire, le coton et les fibres des plantes, si on les présente à la lumière d'une bougie, s'enflamment, et le suc résineux qu'ils contiennent, entretient la flamme jusqu'à ce que la substance soit consumée : c'est ce qui arrive au papier de la Chine, et ce qui prouve que ce n'est point un papier de soie, mais une pâte tirée des végétaux, aussi bien que le papier de chiffon dont on se sert en Europe.

557. On trouve, chez quelques marchands, une sorte de papier appelé aussi *papier de soie,* qui ne vient point de la Chine ; M. de Genssane en a mis plusieurs fragmens en expérience, et il a rapporté à l'Académie que tous avaient donné les apparences d'une substance purement végétale. On aurait

pu croire peut-être que les fibres de la soie, écrasées par les moulins, avaient perdu leur suc oléagineux, et que la colle dont le papier est toujours enduit, pouvait servir de substance à la flamme ; mais M. de Genssane a aussi éprouvé que de la soie battue avec soin, et réduite même en une pâte sans consistance, ce qui est fort difficile et fort long, trempée ensuite dans de la colle à papier, a toujours donné au feu les mêmes apparences et la même odeur qu'auparavant. D'un autre côté, M. Guetard nous assure qu'ayant fait fabriquer une fois du papier avec de la soie bien pilée, ce papier brûla à la manière du papier ordinaire, quoique les coques de vers à soie, dont il s'était servi, aient coutume, dit il, de se recoqueviller en brûlant comme le parchemin (*). Quelle est donc la cause de ces différences? M. Guetard croit qu'il en faut chercher l'explication dans le tissu, qui devient bien différent dans le papier, de ce qu'il était dans la coque. Les fils de la coque sont longs, disposés en différens sens : un seul fil tourne souvent dans divers plans ; mais lorsque la coque est réduite en papier, les fibres en sont très courtes ; si elles y sont différemment arrangées et liées ensemble, ce lien n'est pas si serré ; ce n'est plus un même fil ou plusieurs fils d'une longueur considérable. Il arrive donc que, lorsqu'on brûle des coques, leurs fils sont tirés en différens sens ; celles d'un plan tirent celles d'un autre plan, et elles doivent aussi se contourner, tantôt d'un côté, tantôt de l'autre. Les fibres du papier étant aussi courtes qu'elles le sont, et n'étant liées ensemble que par juxta-position, elles ne doivent agir que peu ou point du tout les unes sur les autres, et par conséquent elles doivent brûler uniformément. Ce qui confirme cette explication, c'est que les endroits du papier où la soie n'avait pas été bien battue, et était encore trop entrelacée, éprouvaient la même rétraction, et se recoquevillaient en brûlant.

558. Le P. du Halde dit formellement que l'on ramasse à la Chine les coques de vers à soie, qui sont au rebut dans les manufactures où se dévide la soie, et qu'on fait du papier avec ces coques : ainsi il paraît qu'on emploie, ou du moins qu'on a employé quelquefois à la Chine, des substances très-différentes les unes des autres à la fabrication du papier ; mais on verra ci-après, que la soie ne s'emploie à faire du papier que dans une très-petite partie de la Chine.

559. Un traité chinois sur l'origine et la fabrication du *chi*, ou du papier, dont on trouve l'extrait dans l'Hist. des Voyages, tome XXII, p. 281, nous apprend que les Chinois écrivaient autrefois sur de petites planches de bambou, passées au feu et soigneusement polies, mais couvertes de leur écorce ou de leur peau : c'est ce qui paraît assez prouvé par les termes de *kyen* et de *tse*,

____

(*) Journal économique, 1751, août, page 122.

dont on se servait alors, au lieu de *chi*, pour exprimer la matière sur laquelle on écrivait. On taillait les lettres avec un ciseau ; et de toutes ces petites planches pressées l'une sur l'autre, on formait un volume : mais les livres de cette nature étaient d'un usage fort difficile.

560. Depuis la dynastie de *Tsin* (avant la naissance de J.-C.) on écrivait sur des pièces de soie ou de toile, coupées de la grandeur dont on voulait faire un livre. De-là vient que la lettre *chi* est quelquefois composée du caractère *se*, qui signifie soie, et quelquefois du caractère *kin*, qui signifie de la toile.

561. On lit dans un des recueils de lettres des missions étrangères, que l'arbrisseau appelé *tongtsao* ou *longtomou*, est celui qui sert à faire le papier à la Chine : c'est aussi celui qui sert à faire les feuilles de ces fleurs qui nous viennent de la Chine, et dont on admire le coloris.

562. Aujourd'hui le papier ordinaire de la Chine est formé de la seconde écorce du *bambou*, délayé en une pâte liquide, par une longue trituration : il est collé aussi bien que le nôtre, pour empêcher qu'il ne flue, et c'est avec l'alun qu'on lui donne cette préparation ; nous en parlerons ci-après. Ce fut vers la fin du premier siècle de l'ère chrétienne, que cette sorte de papier fut inventée à la Chine par un grand mandarin du palais. Ce physicien trouva le secret de réduire en pâte fine l'écorce de différens arbres et les vieilles étoffes de soie, en les faisant bouillir dans l'eau pour en composer diverses sortes de papier.

563. On lit dans un livre intitulé, *Su-ikyen-chi-pu*, qui traite de la nature du papier, que dans la province de *Se-chuen* le papier se fait de chanvre ; que *Kaot-song*, troisième empereur de la grande dynastie de *Tang*, fit faire de cette plante un excellent papier, sur lequel tous ses ordres secrets étaient écrits ; que dans la province de *Fokyen* le papier se fait de *bambou ;* dans les provinces septentrionales, d'écorce de mûrier, et dans celle de *Che-kyang*, de paille de riz ou de froment ; enfin, dans la province de *Kyang-nan*, on fait un parchemin de la petite peau qui se trouve dans les coques de vers à soie : il se nomme *Lo-wenchi ;* il est très-fin et très-doux.

564. Dans la province du *Hu-quang*, l'arbre *chu*, ou le *ku-chu* fournit la principale matière du papier.

565. Le même auteur parle des différentes couleurs que les Chinois donnent quelquefois au papier ; il traite du papier qui paraît comme argenté sans qu'on y emploie aucune parcelle d'argent ; invention qu'on attribue à l'empereur *Kao-ti* de la dynastie des *Tsi*. (Voyez §. 578.) Enfin il traite du papier des Coréens, qui se fait avec les coques des vers à soie, et il rapporte que depuis le septième siècle, ces peuples paient à l'empereur leur tribut en papier.

566. On emploie quelquefois la substance toute entière du bambou et de

l'arbuste qui porte le coton; on tire des plus grosses cannes de bambou les
rejetons d'une année, qui sont ordinairement de la grosseur de la jambe; après
les avoir dépouillés de leur première peau verte, on les fend en pièces droi-
tes de six ou sept pieds de long, pour les faire rouir pendant une quinzaine
de jours dans un étang bourbeux. On les lave dans l'eau claire ; on les étend
dans un fossé sec ; on les y couvre de chaux ; peu de jours après on les lave
une seconde fois ; on les réduit en filasse ; on les fait blanchir et sécher au soleil ; on les jette dans de grandes chaudières ; et après qu'ils ont bouilli fortement, on les pile dans des mortiers jusqu'à ce qu'ils soient réduits en une
pâte fluide.

567. Il y a aussi un papier dont on fait beaucoup d'usage, qui est composé de la pellicule intérieure du *chu-ku* ou *ku-chu*, et c'est même de cet arbre
que ce papier est appelé *ku-chi*. Lorsqu'on en casse les branches, l'écorce se
pèle facilement en longues courroies comme autant de rubans. Les feuilles
de cet arbre ressemblent beaucoup à celles du mûrier sauvage ; mais le fruit
a plus de ressemblance avec la figue : ce fruit sort des branches sans aucun
pédicule ; s'il est arraché avant sa parfaite maturité, la plaie donne un jus lai-
teux comme la figue. En un mot, cet arbre a tant de rapport avec le figuier
et le mûrier, qu'il peut passer pour une espèce de sycomore : cependant il ressemble encore plus à l'*adrachne*, qui est une sorte d'arboisier de grandeur mé-
diocre, dont l'écorce est douce, blanche et luisante, mais se fend en été, parce
que l'humidité lui manque. Le ku-chu, comme l'arboisier, croît sur les montagnes et dans les terreins pierreux. (Du Halde , pag. 866 et suiv.)

568. Il est facile de voir par ce qui précède, qu'une multitude de plantes
peuvent s'employer et s'emploient en effet à la Chine à faire du papier ; on
préfère cependant les arbres qui ont le plus de sève, tels que le mûrier, l'orme, le tronc du cotonnier. On commence par lever légèrement la pellicule extérieure, en forme de longues courroies : on les fait blanchir dans l'eau et au
soleil, et on les emploie comme nous l'avons dit du bambou.

569. On trouve à la Chine, sur les montagnes et dans les lieux déserts,
une plante qui produit des seps longs et minces comme ceux de la vigne, et
dont la peau est extrêmement unie; le nom de *hautong*, que les Chinois lui
donnent, exprime cette qualité : on la nomme aussi *ko-tong*, parce qu'elle
produit de petits pois aigres, d'un verd blanchâtre , qui peuvent se manger.
Ses branches, qui sont à peu près de la grosseur des seps de vignes, rampent
sur la terre , ou s'attachent aux arbres. Suivant le témoignage de l'auteur
Chinois, les branches du *ko-tong* ayant trempé quatre ou cinq jours dans
l'eau, il en sort un jus onctueux, qu'on prendrait pour une espèce de glu ou
de gomme.

570. On mêle cette gomme dans la pâte dont se fait le papier, ayant

beaucoup d'attention sur la juste quantité que l'on en doit employer : on bat
ce mélange jusqu'à ce qu'il tourne en une eau grasse et épaisse; on jette cette
eau dans de grands réservoirs composés de quatre murs de trois ou quatre
pieds, bien cimentés et mastiqués, pour empêcher la filtration; et ce sont là
les cuves où les ouvriers puisent avec leurs formes les feuilles de papier,
comme on l'a vu à l'occasion de notre papier ordinaire.

571. Pour coller le papier à écrire, le lustrer, lui donner du corps, et empêcher qu'il ne flue ou qu'il ne boive l'encre, les Chinois le font tremper
dans une eau de colle et d'alun; les voyageurs appellent cette opération *fan-
ner le papier*, parce qu'en chinois, *fan* signifie de l'alun : on hache fort menu
six onces de colle commune bien claire et bien nette, qu'on jette dans douze
écuelles d'eau bouillante, en la remuant avec soin, pour empêcher qu'elle ne
se forme en grumeaux; on y fait dissoudre ensuite douze onces d'alun blanc
et calciné. Ce mélange se met dans un grand bassin, traversé par une baguette
ronde et lisse; on prend la feuille au moyen d'un bâton qui est fendu d'un
bout à l'autre; on la laisse tomber doucement dans la liqueur pour y tremper;
on la retire en la faisant glisser sur la baguette qui traverse le bassin; après
quoi on la suspend, en engageant dans un trou de muraille, l'extrémité du
bâton sur lequel elle est placée. Tel est à peu près le procédé des Chinois pour
parvenir à faire ce papier qu'on admire pour la finesse, la force et la grandeur;
il aurait peut-être la blancheur du nôtre, si on donnait aux plantes qu'on y
emploie plusieurs heures de lavage, après l'avoir passé plusieurs fois à la lessive, à la rosée et au soleil; mais probablement on perdrait beaucoup de la
force que nous remarquons au papier de la Chine, à proportion de sa finesse.
Au reste, on en voit quelquefois qui a véritablement la blancheur du papier
d'Europe; mais cela est plus rare.

572. Les formes, c'est-à-dire les moules avec lesquels on puise dans la
cuve pour former les feuilles de papier, se font avec des fils de bambou tirés
aussi fin que les fils de laiton, au moyen d'une filière d'acier; on les fait bouillir dans l'huile jusqu'à ce qu'ils en soient bien imprégnés, afin qu'ils ne s'en-
foncent pas plus qu'il n'est besoin pour prendre la surface de la liqueur,
et que l'humidité ne les étende pas.

573. Les Chinois font du papier qui a quelquefois 60 pieds de long : il doit
être fort difficile de former des cadres aussi longs, et d'avoir des cuves assez
grandes pour les y tremper; il ne serait pas impossible de les faire en plusieurs
pièces, et de les réunir avec art dans l'instant même où l'on les couche;
mais il ne paraît pas que ce soit là le procédé de la Chine.

574. Lorsqu'on veut faire des feuilles d'une grandeur extraordinaire, on
soutient le cadre avec des cordons et une poulie; des ouvriers tout prêts à
tirer chaque feuilles, l'étendent dans l'intérieur d'un mur creux, dont les côtés

sont bien blanchis, et dans lequel on fait entrer par un tuyau la chaleur d'un fourneau, dont la fumée sort à l'autre bout par un petit soupirail ; cette espèce d'étuve sert à sécher les feuilles presque aussi vîte qu'elles se font.

575. Il n'est pas étonnant que l'art du papier soit porté, parmi les Chinois, à une très-grande perfection ; la profession y est honorée ; la découverte en est ancienne ; la consommation en est immense. Sans parler des lettrés, qui en emploient une quantité prodigieuse, toutes les maisons particulières en sont remplies ; les chambres n'ont d'un côté que des fenêtres ou de jalousies couvertes de papier ; les murs, quoique revêtus ordinairement de plâtre, sont recouverts d'une couche de papier qui en conserve la blancheur et le poli ; les plafonds sont ornés de compartimens faits en papier : en un mot, on ne voit presque dans les maisons que du papier, et tout ce papier se renouvelle chaque année.

576. On voit hors des faubourgs de Pékin, vis-à-vis les cimetières, un long village, dont les habitans renouvellent le vieux papier, et tirent un profit assez considérable de ces rebuts. Ils savent le rétablir dans sa beauté, soit qu'il ait été travaillé en carton, ou altéré par d'autres usages.

577. Ces ouvriers vont acheter à vil prix dans les provinces, tout ce mauvais papier ; ils en font de gros amas dans leurs maisons, qui ont toutes un enclos de murs fort unis, et blanchis soigneusement pour cet usage. La première opération consiste à le laver sur un pavé incliné près d'un puits, en le frottant de toutes leurs forces avec les mains et avec les pieds, pour en faire sortir l'ordure ; ils font bouillir la masse qn'ils ont ainsi pétrie, et l'ayant battue jusqu'à ce qu'elle ait repris la qualité de papier, ils la mettent dans un réservoir ou une cuve, jusqu'à ce qu'il y en ait une grande quantité. Alors, dit le P. du Halde, ils séparent les feuilles avec la pointe d'une aiguille, et les attachent aux murs de leur enclos pour y sécher au soleil. Ce travail prenant peu de tems, ils les rejoignent ensemble avec la même propreté. On ne conçoit guère la manière dont le P. du Halde prétend que des feuilles qui ont été pétries et battues, peuvent se séparer encore avec la pointe d'une aiguille ; je croirais plutôt que ces vieux papiers se délaient entièrement, pour en faire de nouveau le papier à la manière ordinaire, ainsi que nous l'avons dit §. 122, à l'occasion des papiers que l'on a coutume chez nous de refondre, lorsqu'ils sont défectueux.

578. Nous ne devons pas terminer l'article du papier de la Chine sans parler d'une préparation argentée qu'on lui donne souvent.

579. Le papier argenté qui s'emploie à la Chine, se prépare simplement avec du talc. Les Chinois nomment le talc *yun-muache*, qui signifie *pierre grosse de nuées*, parce que chaque morceau cassé semble, pour ainsi dire, une

nuée transparente. Le talc que les Russes apportent à la Chine, est préféré à celui qui se tire de la province *Se-chuen*. Après l'avoir fait bouillir environ quatre heures, on le laisse dans l'eau pendant un ou deux jours; on doit ensuite le laver soigneusement, et le battre avec un maillet dans un sac de toile pour le mettre en pièces. A dix livres de talc on ajoute trois livres d'alun; on broie le tout ensemble dans un petit moulin à bras; ensuite ayant sassé la poudre dans un tamis de soie, on la jette dans de l'eau bouillante que l'on décante ensuite. La matière qui se dépose ayant été durcie au soleil, doit être aussitôt réduite en poudre impalpable dans un mortier. Cette poudre, après avoir été sassée une seconde fois, est telle qu'il faut l'employer.

580. Pour préparer le papier à recevoir cette poussière argentine, on prend sept fuens ou deux scrupules de colle, composée de cuirs de vaches, et trois fuens d'alun blanc qu'on mêle dans une demi-pinte d'eau claire, et qu'on fait bouillir jusqu'à siccité; alors étendant quelques feuilles de papier sur une table fort unie, on y passe un pinceau trempé dans la colle avec le plus d'égalité qu'il est possible : on secoue au travers d'un tamis la poudre de talc pour la distribuer uniformément sur le papier, après quoi on fait sécher ce papier à l'ombre. Lorsqu'il est sec, on l'étend de nouveau sur une table; et en frottant légèrement avec du coton, on ôte le talc superflu, qui sert ensuite au même usage : on a ainsi du papier argenté; et avec la même poudre délayée dans l'eau et mêlée de colle et d'alun, on peut dessiner toutes sortes de figures sur le papier.

Papier du Japon.

581. Dans l'appendice ou supplément de l'histoire du Japon par Engelbert Kæmpfer, traduite en français sur la version anglaise de Scheuchzer, on trouve une description abrégée de la manière dont on fait le papier au Japon, avec la plante appelée *kaudsi*. Le nom botanique de cette plante dans Kæmpfer est celui-ci, *papyrus fructu mori celsæ, sive morus sativa, foliis urticæ mortuæ, cortice papyrifera*.

582. Chaque année, après la chute des feuilles, on coupe les jeunes re-jetons qui sont fort gros, de la longueur de trois pieds au moins, et l'on en fait des paquets pour les mettre bouillir dans l'eau avec des cendres; s'ils sèchent avant qu'on ait le tems de les faire bouillir, on les met dans de l'eau commune pendant vingt-quatre heures, pour leur rendre de l'humidité.

583. Ces paquets ou fagots sont liés fortement ensemble, et mis debout dans une grande et ample chaudière qui doit être bien couverte; on les fait bouillir long tems, de manière que l'écorce, en se retirant, laisse voir à nu un demi-pouce de bois à l'extrémité de chaque pièce : on les laisse ensuite refroidir à l'air, ou les fend pour en tirer l'écorce, et l'on fait tremper cette écorce dans l'eau pendant trois ou quatre heures.

584. Lorsque l'écorce est ainsi ramollie, on ratisse la peau noirâtre qui la couvre, et l'on sépare en même tems l'écorce forte qui est d'une année de crû, de l'écorce mince qui a couvert les jeunes branches ; la première donne le papier le plus blanc et le meilleur, la dernière donne un papier noirâtre d'une beauté passable : s'il y a de l'écorce de plus d'une année, mêlée avec le reste, on la trie de même, et on la met à part, parce qu'elle forme le papier le plus grossier et le plus mauvais de tous : on sépare de même les parties noueuses, grossières ou défectueuses, pour en former le papier le plus grossier.

585. Après que l'écorce a été suffisamment nétoyée, préparée et rangée selon ses différentes qualités, on la fait bouillir dans une lessive claire. Pendant tout le tems qu'elle bout, on la remue avec un gros roseau, et l'on y verse de tems à autre de la lessive claire pour abattre les bouillons, et réparer les pertes de l'évaporation. On laisse bouillir ces écorces jusqu'à ce qu'étant touchées légèrement avec les doigts, elles se dissolvent, et se séparent en manière de bourre, ou comme un amas de fibres décomposées.

586. Pour faire la lessive dont nous venons de parler, on met deux pièces de bois en croix sur une cuve ; on les couvre de paille ; ou met sur cette paille des cendres mouillées ; on y verse de l'eau bouillante, qui à mesure qu'elle passe au travers de la paille pour tomber dans la cuve, s'imbibe des particules salines de la cendre, et forme cette lessive où l'on jette la matière du papier. L'écorce qui a bouilli dans cette lessive doit être lavée ; mais ce lavage est une opération très-délicate : si l'écorce n'a pas été lavée, le papier sera fort et aura du corps, mais il sera grossier et de peu de valeur : si elle a été lavée trop long-tems, elle donnera du papier plus blanc, mais fluant, et peu propre à écrire. C'est dans la rivière que se lave la pâte, au moyen d'une espèce de van ou de crible au travers duquel l'eau coule, et on la remue continuellement à force de bras, jusqu'à ce qu'elle soit délayée à la consistance d'une laine ou d'un duvet doux et délicat.

587. Pour faire le papier fin, on lave cette matière une seconde fois ; mais c'est dans un linge au lieu de crible, parce que plus on lave, plus l'écorce est divisée, en sorte qu'elle passerait enfin toute entière par le crible ; on a soin en même tems d'ôter les nœuds, la bourre, et autres parties hétérogènes, que l'on met à part pour les moindres espèces de papier.

588. La matière bien lavée se place sur une table de bois, fort épaisse et bien lisse, où deux à trois personnes la battent avec des bâtons d'un bois très dur appelé *kusnoki*, jusqu'à ce qu'elle soit si déliée qu'elle ressemble à du papier, qui à force de tremper dans l'eau, est réduit comme en bouillie, et n'a presque plus de consistance.

589. L'écorce ainsi atténuée se met dans une cuve avec l'infusion glaireuse et gluante du riz, et celle de la racine *oreni* (*alcea radice viscosa, floræ*

ephemero magno puniceo, Kæmpf.) qui est aussi fort glaireuse et gluante. On agite ce mélange avec un roseau, jusqu'à ce que les trois matières soient bien mêlées, et forment une substance liquide et égale. On se sert pour cela d'une cuve étroite : mais on verse ensuite cette pâte dans une cuve plus grande, à peu près semblable aux cuves d'ouvrier, dont on a vu la description §. 240. On tire de cette cuve les feuilles une à une avec des moules qui sont formés de jonc, au lieu de la verjure dont nous avons parlé §. 211 : on les appelle *miis*.

590. Il ne reste plus alors qu'à faire sécher ces feuilles de papier : pour cet effet on met les feuilles en piles sur une table couverte d'une double natte, et l'on met une petite pièce de roseau, qu'on appelle *kamakura*, c'est-à-dire coussin, entre chaque feuille : cette pièce qui déborde un peu, sert ensuite à soulever les feuilles et à les tirer une à une. Chaque pile est couverte d'une planche ou d'un ais mince, de la grandeur et de la figure des feuilles de papier, sur laquelle on met des poids de plus en plus forts par degrés, pour en exprimer l'eau. Le lendemain on ôte les poids, on lève les feuilles une à une avec le petit bâton, ou *kamakura*, et avec la paume de la main on les jette sur des planches longues et raboteuses, faites exprès ; les feuilles s'y tiennent aisément, à cause de l'humidité qui leur reste : on les expose ensuite au soleil, et lorsqu'elles sont parfaitement sèches, on les met en monceaux, on les rogne tout autour, et on les garde pour s'en servir.

591. L'infusion de riz, dont il a été parlé, sert à donner au papier de la blancheur et de la consistance ; elle se fait dans un pot de terre non vernissé, où les grains de riz sont trempés dans l'eau. Le pot est agité d'abord avec douceur, et ensuite plus fortement ; à la fin on y verse de l'eau fraîche, et on passe le tout au travers d'un linge. Ce qui est demeuré dans le linge, se remet dans le pot avec de l'eau fraîche ; et on répète la même opération, tant qu'il reste quelque viscosité dans le riz. Celui du Japon est excellent pour ce travail ; c'est le plus blanc et le plus gras de l'Asie.

592. L'infusion gluante de la racine *oreni* se fait en mettant simplement dans l'eau fraîche cette racine pilée ou coupée en petits morceaux ; l'eau devient, en une nuit, glaireuse et propre à l'usage qu'on en veut faire ; il faut une quantité de cette infusion, différente suivant les saisons ; et tout l'art dépend, à ce qu'ils disent, de la juste quantité *d'oreni*.

593. Le papier grossier, destiné à servir d'enveloppe, est fait suivant le même procédé, avec l'écorce de l'arbrisseau *kadse-kadsura*, que Kæmpfer appelle *papyrus procumbens, lactescens, folio longe lanceato, cortice chartaceo*.

594. Le papier du Japon est très-fort : on en fait des feuilles si grandes, qu'elles suffiraient à faire un habit ; et il ressemble tellement à une étoffe, qu'on pourrait s'y méprendre.

595. Les nations Asiatiques deçà le Gange, excepté les Noirs qui habitent

le plus au midi, font leur papier de vieux haillons des étoffes de coton,
et leur méthode ne diffère en rien de la nôtre, excepté qu'elle n'est pas si
embarrassée : leurs instrumens sont plus grossiers, mais ils s'en servent avec
plus d'adresse.

596. Ce papier des Orientaux, dont l'usage est bien plus ancien que celui
de notre papier de chiffons, a sans doute donné l'idée de celui-ci : on ne
doit s'étonner que de voir le nombre de siècles qui se sont écoulés avant que
le commerce d'Asie ait donné à l'empire d'Orient l'idée de faire du papier
par la trituration.

EXPLICATION DES PLANCHES.

PLANCHE I.

Moulin à papier, situé à la Grand'rive en Auvergne.

FIG. 1. A, canal du ruisseau qui fournit l'eau au moulin, et à tous les ouvrages intérieurs.

B, panier d'osier par lequel l'eau passe à la rigole C.

C, rigole qui fournit l'eau au grand reposoir.

D, canonnière qui arrête l'effort de l'eau et les impuretés qu'elle entraînait.

E, grand reposoir où l'eau s'épure.

F, panier au travers duquel l'eau passe dans la rigole G.

G, rigole qui fournit l'eau au petit reposoir.

H, autre canonnière pour purifier l'eau.

I, petit reposoir où l'eau achève de déposer son gravier.

K, grille par où l'eau va dans le bachat-long.

L, rigole qui mène l'eau au bachat-long.

M, canonnière vue séparément, démontée et hors du réservoir.

N, râtelier au travers duquel l'eau du ruisseau arrive sur la roue.

O, première gorgère, gorge ou auge, qui conduit l'eau à la roue.

P, chanée étrière, deuxième gorge ou auge.

QQ, encloues ou enclouses, que l'on décroche pour détourner l'eau de
dessus la roue.

RR, roue de moulin.

SS, arbre des chevilles, qui élève les maillets.

1, 2, cames ou chevilles qui élèvent les maillets.

T, partie du bachat-long, qui fournit l'eau dans les piles.

VV, grippes de devant et de derrière, qui contiennent les maillets.

X, maillets qui hachent le chiffon dans les piles,

Y, batadoir dans lequel on lave les feutres.

Figure 2. A A, cintre de la roue,

B, bras de la roue, tant montés que démontés.

CC, chanteaux qui recouvrent les alives par le côté,

D, alives, aubes, palettes ou volets qui reçoivent la chute de l'eau, et donnent le mouvement à la roue.

E, jante, courbe ou courbette qui porte les alives.

F, coin qui serre la jante sur le bras de la roue.

G, clavette ou cheville qui traverse les chanteaux, et les entretient ensemble sur les jantes et les alives.

HH, arbre de la roue ou des chevilles.

1, petit dormant dans lequel est porté le pivot ou tourillon de l'arbre.

K, gros dormant qui supporte le petit.

MMMM, bras de la roue, qui se terminent chacun par une aube.

O, massif de maçonnerie, qui porte le gros dormant.

PP, chevilles ou cames de l'arbre, qui lèvent les têtes des maillets.

TT, tête carrée de l'arbre dans lequel passent les bras de la roue.

V, coin de bois pour serrer les bras de la roue dans la tête de l'arbre.

PLANCHE II.

Intérieur du moulin à pilons.

Fig. 1. Perspective du moulin.

A, la roue du moulin.

BB, l'arbre des chevilles.

C, chevilles qui élèvent les maillets.

D, maillets, pilons, marteaux qui pilent les chiffons,

E, grippes de devant qui portent les queues des marteaux.

e, grippes de derrière qui contiennent les têtes des marteaux,

FF, arbre des bachats, ou arbre des piles, dans lequel sont creusés les bachats.

G, bachats ou creux de piles.

HH, bachat long, ou gouttière qui conduit l'eau dans les piles.

1, 1, 1, crochets qui supportent le bachat long contre le mur.

2, 2, 2, chanelettes ou gouttières qui donnent l'eau aux bachassons.

I, petit dormant.

K, gros dormant.

L, le char du moulin qui porte tout l'assemblage.

M, gerle ou gerlon, dans lequel on verse la pâte raffinée qui sort de la pile de l'ouvrier.

N, N, cuvettes ou caisses qui reçoivent les chiffons au sortir des piles-florans.

Figure 2. Plan géométral du moulin.

A, la roue.

B, B, l'arbre des chevilles.

C, chevilles ou mentonnets.

D, maillets ou pilons.

E, grippes de devant.

e, grippes de derrière.

F, arbre des bachats.

G, bachats ou creux de piles.

H H, bachat-long.

I, rigole qui fournit le bachat-long.

1, 1, 1, crochets qui tiennent au mur.

2, 2, 2, chanelettes qui donnent de l'eau aux bachassons.

K K K, bachassons couverts de leurs couloirs.

5, chanelettes qui donnent l'eau aux bachats.

L, ponteau de bois sur lequel on passe le fossé de l'eau qui mène la roue.

M, cuvette à mettre les chiffons.

Figure 3. Détail des pièces qui composent le moulin.

A A, maillet ; *d a*, liens des deux bouts du maillet.

1, 2, 3, coins à serrer les liens.

B B, tête du maillet, dont une à part rompue.

b b, les dents ou clous qui hachent les chiffons.

C, partie d'une grippe de devant, supportant la queue du maillet.

D et *p*, l'éperon qui garnit le dessous de la tête du maillet, et qui garantit le bois.

E, l'engin qui sert à arrêter les maillets.

d, virole ou étrier de l'engin.

e, au bas de la planche, grippe de derrière.

F, grippe de devant.

c, *r*, *o*, crochets pour tenir les maillets élevés.

1, 2, trous pour assujétir les grippes de devant à l'arbre des bachats.

G, coupe d'un bachat vu par moitié en-dedans à plomb jusqu'au fond.

H, cuvette ou rinçoir pour laver les piles.

h, couverture du kas.

I, coupe d'une pile, par sa partie inférieure.

K, semelle ou plaque de métal ovale, qui couvre le fond des piles.

K, pièce de bois qui sert à tirer le kas.

L, place du kas au devant de la pile.

M, kas ou châssis de crin, qui laisse sortir l'eau des piles, à mesure que le chiffon est lavé.

m, pince du kas, ou poignée qui sert à le tirer de sa place.

N, clous à tête plate, qui servent à attacher une toilette de crin sur le châssis du kas.

p, éperon qui garantit le bois des maillets.

X, coin de bois qui assujétit la tête du maillet.

Y, boulon qui retient les maillets dans la tête des grippes de devant.

Z, boulon de fer qui passe au travers des queues des maillets, et leur sert de pivot.

PLANCHE III.

Élévation et plan du moulin à papier, qui agit par le moyen des cylindres, exécuté à Montargis.

A, coursière dans laquelle tourne la grande roue.

CC, grande roue à aubes, qui tourne par le moyen de l'eau.

DD, arbre de la grande roue, qui porte le petit rouet et la manivelle.

d, extrémité du même arbre, qui fait mouvoir à gauche un semblable équipage.

F, lanterne de trente-quatre fuseaux, qui est conduite par le petit rouet.

GG, axe de la lanterne, qui porte aussi le grand rouet.

HH, grand rouet de soixante-sept aluchons, qui passe sur trois cylindres.

III, lanterne des cylindres.

K, cylindre découvert et tournant dans sa cuve.

L, cylindre recouvert de son chapiteau.

M, place du cylindre dans sa cuve.

m m, plans inclinés qui sont de chaque côté du cylindre.

NN, séparation ou cloison qui partage la cuve sur une partie de sa longueur.

n, place des châssis qui empêchent la pâte d'être jetée au dehors de la cuve par le mouvement du cylindre.

O, tuyau par lequel la pâte sort de la cuve, pour être conduite dans les caisses de dépôt.

PP, partie de la cuve occupée par le cylindre.

QQ, partie de la cuve occupée par le chiffon.

RR, petit rouet de quarante-un aluchons, qui conduit la lanterne du grand rouet.

V, tuyau pour conduire au dehors l'eau qui a lavé les chiffons.

(N. B. On n'a pu mettre aucune échelle dans cette *planche*, à cause de la trop grande diversité des objets qui y sont représentés).

Figure 1. A, plan incliné par lequel les chiffons arrivent sous le cylindre.

B, platine de métal sur laquelle est broyé le chiffon.

C, concavité dans laquelle tourne le cylindre.

D, plan incliné par lequel les chiffons sortent de dessous le cylindre, et retombent dans la cuve.

Figure 2. E, F, vue extérieure d'une cuve à cylindre.

f, *h*, pièce de bois, ou levier qui supporte le pivot du cylindre.

G, chapiteau qui recouvre le cylindre.

g, centre du cylindre qui s'élève par le moyen du levier *f*, *h*.

H, place du cylindre.

I, châssis qui retiennent les chiffons.

h, extrémité du levier *f*, *h*.

L, eau qui coule dans la cuve pour laver le chiffon.

M, cric destiné à élever le cylindre par le moyen du levier *h*, *f*.

N, coin de bois par lequel on jauge et on fixe l'élévation du cylindre.

Figure 3. P, porte qui se lève pour laisser couler la pâte lorsqu'elle est faite.

Q, tuyau de plomb qui conduit la pâte aux caisses de dépôt.

R, cric pour élever le cylindre.

Figure 4. ST, arbre du cylindre, de huit pieds de long.

V, V, longueur du cylindre.

u, *u*, diamètre du cylindre.

w, *w*, rondelles de fer qui empêchent l'huile des pivots de s'étendre.

X, lanterne de sept fuseaux, qui est portée sur l'arbre du cylindre.

Figure 5. Y, plan de la lanterne du cylindre.

Figure 6. Z, tourte, about, ou cercle de fer croisé, qui sert de base à chaque côté du cylindre, et reçoit les lames de fer qui le composent.

Figure 7. *b*, *b*, plan de la platine vue en grand.

c, coupe de la platine dans sa largeur.

Figure 8. D, D, châssis à double coulisse, vu de profil, pour modérer les issues du vent dans l'étendoir.

E, E, plan de châssis qui glissent l'un devant l'autre, à moitié fermés. *Voyez* §. 330.

Figure 9. A, rouet qui tourne par le moyen de l'eau, et qui fait mouvoir le cylindre du laminoir.

B, cylindres de cuivre d'un pied de diamètre , et de 3o pouces de long, entre lesquels on fait passer chaque feuille de papier.

C, C, coins de bois qui servent à serrer les cylindres l'un contre l'autre.

PLANCHE V.

Figure 1. Elévation d'un moulin à papier, exécuté en Hollande.

A, A, A, A, poteaux corniers qui forment la cage.

a , *a*, tour ou treuil, qui sert à tirer au vent.

B, B, B, croix de Saint-André, qui assujétissent la charpente.

b, *b*, liens ou pièces de bois qui arc boutent et qui soutiennent la charpente.

C, D, arbre tournant, dirigé au vent.

d, heurtoir qui soutient le pivot de l'arbre tournant contre l'effort du vent.

E, rouet de 61 aluchons.

e, *e*, volans sur lesquels portent les ailes du moulin.

F, G, arbre debout, qui communique le mouvement aux cylindres.

H, rouet de 57 aluchons, qui fait tourner trois cylindres.

K, chapiteau qui recouvre un des cylindres.

L, L, arbre de renvoi qui communique le mouvement à deux moussoirs.

M, rouet de 23, qui porte à l'extrémité inférieure de son arbre un autre rouet destiné à faire tourner les moussoirs.

N, cuve d'un des moussoirs ou cylindres affleurans.

O, rouet qui fait aller la pompe.

P, rouet qui porte la manivelle de la pompe.

p, *p*, *p*, corde qui sert à élever le rouet P, lorsqu'on ne veut point d'eau.

Q, R, S, brinbale de la pompe, qui est mue par le point Q, et tourne autour du point S.

R, R, S, tringle du piston, qui descend dans la buse S du corps de pompe.

T, réservoir ou cuvette, qui reçoit l'eau de la pompe sur la longueur.

V, autre réservoir où l'eau passe en sortant du premier, vu sur sa largeur.

V, *u*, V, *u*, tuyaux ou chenaux, qui portent l'eau dans les cuves à cylindre.

X, X, galerie qui règne autour de la charpente pour le service du moulin.

Y, Z, queue du moulin, pour le tirer au vent.

y, *y*, pinces en écharpe, qui fortifient la queue du moulin sur le comble tournant Z, *z*.

W, W, plate-forme sur laquelle tourne le comble du moulin avec le rouet, l'arbre, et tout ce qui en dépend.

Figure 2. Portion de la coupe d'un cylindre creux exécuté par M. Destriches.

R, R, S, S, assemblage de trois lames avec deux intervalles.

T , V , épaisseur des lames , qui est de 18 lignes.

T , T , hauteur des lames , qui est de trois pouces.

X , écrou qui arrête sur la base ou tourte de fer les goujons à vis qui terminent chaque lame.

Y , vis à tête carrée , qui entre dans la lame pour la mieux contenir sur la base.

Z , Z , intervalles de 18 lignes qui sont entre les lames.

b , b , lames circulaires qui forment les intervalles des lames tranchantes.

d , d , rainures pratiquées dans les lames tranchantes , où entrent des languettes pratiquées aux lames circulaires.

e , échancrure de quatre lignes , qu'on pratique sur chaque lame , pour mieux couper le chiffon.

Planche IV.

Cylindres faits à la manière de Hollande ; plan de la partie inférieure du moulin , dont l'élévation formait la planche V.

Figure 1. A , A , coupe d'un cylindre affleurant , ou moussoir , tout en bois, recouvert d'un chapiteau et tournant dans une concavité sans platine.

B , B , concavité de bois , sur laquelle est agitée la pâte.

Figure 2. C , coupe d'un cylindre construit à la façon des Hollandais.

D , platine de métal , située sous le cylindre.

d , d , coupe verticale d'une cuve à cylindre.

f , place du châssis de verjure , représenté *figure* 5.

g , situation de la planche qui retient l'eau.

h , dallon ou gouttière qui reçoit l'eau pour la porter hors du moulin , lorsqu'elle a lavé le chiffon.

Figure 3. Une des lames qui garnissent le cylindre.

e , e , rainures pratiquées à chaque lame , pour y faire entrer un cercle de fer.

Figure 4. F , châssis de verjure , qui se place dans le chapiteau en *f* , pour laisser passer l'eau , et retenir la pâte.

Figure 5. G , pièce de bois , qui ferme le chapiteau en *g* , lorsqu'on veut retenir l'eau.

Figures 6 , 7 , 8 , 10. Machine pour couper le chiffon à la place du dérompoir , proposée par M. de Genssane.

T , T , cuve pour la machine qui peut servir de dérompoir.

V , V , séparation de la cuve.

V , Y , plan incliné armé de tranchets , pour couper le chiffon.

C , cylindre tournant , entaillé pour faire place aux tranchets.

B , D , mouvement du chiffon dans la cuve.

m, lanterne portée sur le cylindre tournant.

z , *z* , coupe du cylindre qui fait circuler le chiffon.

Z , Z , le même cylindre vu de profil.

P , axe du cylindre , qui porte une lanterne.

f , *f* , *g* , *g* , entailles du cylindre , qui font place aux tranchets.

u , *γ* , plan incliné , sur lequel les chiffons sont amenés par le cylindre.

a , *b* , *c* , *d* , tranchets d'acier , ou lames tranchantes qui doivent couper le chiffon par morceaux de deux à trois pouces.

PLANCHE VII.

Formes ou moules avec lesquels on puise les feuilles de papier.

A , A , Châssis de la forme du papier à la cloche , vu par-dessus.

B , B , châssis vu par-dessous.

C , C , fuseaux garnis de fils de laiton , pour assembler et contenir les fils de la verjure en passant à chaque fois un des fuseaux de dessus en dessous , et l'autre de dessous en dessus.

D , D , pontuseaux ou pointuseaux qui soutiennent la verjure , vus par leur côté tranchant.

E , E , pontuseaux vus par leur côté arrondi , qui est le dessous de la forme.

F , F , fuseaux garnis de fils de laiton.

G , G , fuseaux au commencement du travail.

H , H , tringle du châssis , dans laquelle entrent les extrémités des pontuseaux.

G , G , H , H , au bas de la planche , cadre , couverture qu'on applique sur la forme.

I , I , pontuseau vu par-dessus , ou par son côté aigu.

K , K , pontuseau vu par-dessous , ou par son côté arrondi.

L , L , lame de cuivre qui recouvre les extrémités de la verjure.

M , N , transfil , fil de laiton qui sert de premier et de dernier pontuseau , sur lequel les envergures sont parfilées.

P , P , équerres de cuivre , pour assembler les tringles du châssis.

PLANCHE VIII.

Figure 1. A , ouvrier plongeur , ou ouvreur , placé dans sa nageoire jusqu'à la ceinture , qui tire de la cuve sa forme chargée d'une couche de pâte , qui doit former la feuille , pour la faire glisser jusques vers le coucheur.

D , cuve de l'ouvrier , où est la pâte déliyée et chaude.

b, ouverture du pistolet, qui échauffe l'intérieur de la cuve.

C, couverture de la forme.

D, D, formes ou moules vus dans les deux sens.

F, coucheur qui reçoit la forme chargée d'une feuille, et la renverse sur le drap ou feutre.

f, couvercle du trapan, qui se met sur la porse avant de la presser.

G, porse déjà faite, ou assemblage de feuilles séparées chacune par un feutre.

g, bêche, bâton crochu pour tirer la porse sous la presse.

H, H, presse pour exprimer l'eau de la porse.

1, 2, 3, mises ou pièces de bois, qui servent à charger la porse quand on la met sous la presse.

5, planchette sur laquelle on fait glisser la forme.

6, trapan de cuve, ou égouttoir, sur lequel le plongeur met sa forme.

7, 8, bâtons de l'égouttoir contre lesquels on relève la forme.

I, apprenti, leveur de feutres, qui découvre chaque feuille, et rend le feutre au coucheur.

K, leveur de papier, qui détache les feuilles de dessus le feutre, et les met sur sa selle qui est inclinée, et sur laquelle il forme la porse blanche.

L, pressette où l'on presse le papier en porse blanche.

M, bassine de cuivre pour mettre de la pâte dans la cuve.

R, poye ou bâton qui sert à contenir la vis de la presse, quand on change le levier de trou.

Figure 2. A, partie d'un étendoir en perspective.

B, ouvrier qui met le papier en pile avant de le porter au lissoir.

C, ouvrière qui étend le papier avec son ferlet.

D, ouvrière qui retire le papier lorsqu'il est sec.

E, banc des étendeuses.

F, selle qui porte les ballons de papier lorsqu'on les étend.

G, G, piliers ou jambes qui supportent la forme de l'étendoir.

Figure 3. A, perches carrées dans lesquelles sont des trous pour soutenir les guimées.

C, guimées ou bâtons ronds, qui portent les cordes.

PLANCHE IX.

Figure 1. A, ouvrier qui enlève de la cuve le tripier ou panier qui renferme les rebuts de la colle.

B, ouvrier qui la passe par le couloir sur l'arquet, pour en séparer les ordures.

C, saleran, qui colle les feuilles de papier en les trempant dans le mouilloir ou mouilladoir.

D, presse où le sâleran met le papier collé pour dégorger le superflu de la colle.

d, *d*, petites planches de sapin, dont se sert le colleur.

E, souffait de la presse, dans lequel il y a une gouttière.

F, gerlon pour recevoir la colle superflue qui coule de dessous la presse.

G, cuve où la colle se cuit.

H, cuve où l'on passe la colle.

I, mouilloir dans lequel on colle, et que l'on entretient dans une douce chaleur.

R, tripier ou panier chargé de tripes avec lesquelles on fait la colle.

L, poulie par le moyen de laquelle on retire le tripier de la cuve.

Fig. 2. A, ouvrier qui contient le papier sous le marteau, pour lisser les grandes sortes.

B, marteau dont le manche traverse le gros mur.

b, papier qui est sous le marteau.

C, manche du marteau, qui est mu par le moyen de l'eau.

D, l'enclume sur quoi l'on met le papier.

E, E, la même enclume à part, démontée.

F, billot ou bloc dans lequel on enchâsse le pied de l'enclume.

G, ballons, ou piles de papier qui ont été lissées.

La planche IV, figure 9, *contient une troisième façon de lisser le papier.*

TABLE DES MATIERES

et explication des termes propres à l'Art du Papetier.

A

es' formée de deux trasses ou feuilles de gros papier ben ou gris, 372.

ARQUET, châssis de corde sur lequel on étend un drap pour passer la colle avant de l'employer, 299.

ATLAS, nom d'une sorte de papier. Voyez *tarif*.

AVANTAGES, travail extraordinaire des ouvriers dans la papeterie, V. *l'arrêt du 27 janvier, art. III, §. 459.*

AUBES, auges, alives, palettes, godets, sont les parties d'une grande roue qui reçoivent l'impulsion de l'eau, 90.

AVO, espèce de mauve, dont on fait du papier à Madagascar, 516.

AUVERGNE, province de France où se fabrique le meilleur papier de France. Voyez *papeterie*.

B

BACHASSON (en all. *Wasser-kasten*), petite auge ou caisse de bois qui donne l'eau aux piles, 104.

BACHAT, mortier, piles ; ce sont des cavités formées dans une pièce de bois, pour y piler les chiffons ; leur contenue, leurs dimensions, 92.

BACHAT-LONG (en allemand *die lange Rinne*), pièce de bois creusée en forme de gouttière, qui conduit l'eau dans l'intérieur du moulin, 103.

BACHOLLE, casserole de cuivre dont on se sert pour transvider la pâte, 239.

BALLON, quantité de papier qui est à peu près d'une rame : c'est le nom qu'on lui donne au collage, 310.

BAMBOU, espèce de roseau qui sert à faire du papier à la Chine, 526, 559.

BANANIER, arbre dont les feuilles sont extrêmement grandes, et peuvent servir à faire du papier, 521.

BARBE, bord des mains de papier.

Voyez *dos* et *barbe*.

BARTOLI *dissertatio de libris legendis*, cité note 4.

BAS à homme, bas à femme, sorte de papiers d'enveloppe, 511.

BASCULE ou brinbale de pompe, tringle de fer qui fait jouer le piston, 143.

BASKERVILLE, célèbre imprimeur à Birmingham en Angleterre, 351.

BATADOIR, banc sur lequel on lave les feutres ou langes, 233.

BATARD, nom d'une sorte de papier. Voyez *tarif*.

BATON-ROYAL, nom d'une sorte de papier. Voyez le *tarif*.

BÈCHE, bâton recourbé qui sert à tirer le trapan sous la presse, 260.

BEOST (M. de) secrétaire en chef des états de Bourgogne, et correspondant de l'Académie, a eu beaucoup de part au nouvel établissement de Vougeot, 127.

BERD, nom que donnent le Egyptiens à la plante du papier, 11.

BIBLIOTHÈQUE *italique*, citée note 4.

BILLETTES (M. des), un des auteurs de l'Art du Papelier, 1.

BLANCHETS, en termes d'imprimerie, sont des pièces de drap qu'on étend sur la forme, 351.

BLANCHEUR du papier, vient sur-tout du lavage, 137, 571.

BOIS pourri, pourrait s'employer à faire du papier, 550.

BON, papier bon, c'est celui auquel les trieuses ne trouvent aucun défaut, 353.

BOULONGEON, amas de toiles rousses et grossières, de raclures et de coutures, qui ne peuvent s'employer dans le papier, 39.

BOURDONNÉ, papier bourdonné, ou ridé, 258.

BOURGOGNE, province de France qui

tière qui traverse les cuves à cylindre, et qui reçoit l'eau sale, 136.

DART, sorte de papier d'enveloppe, se fait en Normandie, 511.

DÉFAUTS du papier provenant de différentes causes, 251, 252, 253, 268, 280, 305, 352.

DÉGORGER le chiffon, 168.

DÉLISSAGE, choix des chiffons, 56.

DÉLISSER (en allemand *auschütteln*), opération négligée dans les papeteries d'Allemagne, note 20. Importante pour faire de beau papier, 47.

DÉLISSEUSES, ouvrières qui tirent le papier, 36.

DEMOISELLE, sorte de papier mince et fort, de couleur fauve, propre à friser, 507. Voyez aussi le *tarif*.

DEMPSTER (Thomas), 27.

DENTELÉ, papier dentelé, 253, 258.

DÉPENSE d'une papeterie, tant pour les matières que pour la main-d'œuvre, 405.

DÉPÔT, caisse de dépôt, grande cuve de pierre ou de marbre, où se dépose la pâte avant qu'on en fasse usage, 200.

DÉROMPOIR. Voyez *coupoir*.

DESTRICHES (M.), maître serrurier à Paris, auteur d'un nouveau cylindre, note 24.

DESVENTES (M.), imprimeur-libraire à Dijon, propriétaire d'une nouvelle manufacture, 186.

DOS ET BARBE, ce sont les deux bords d'une main de papier, 362.

DRAPAN. Voyez *trapan*.

DRAPEAUX. Voyez *chiffon*.

DRAPELIÈRES ou pattières. Voyez *chiffonnières*.

DRESSOIR, machine à dresser le fil de laiton, pour faire les formes, note 53.

DUHAMEL (M.), de l'Académie royale des Sciences; part qu'il a eue à cet

ouvrage, 4.

DUPONTI (M.), ancien avocat au conseil, retiré à Angoulême; ses travaux pour la perfection du papier, 96, 427.

E

EAU : diverses précautions pour la clarifier, 75 et suiv. Trop négligées dans plusieurs papeteries de Suisse et d'Allemagne, note 26. On la fait filtrer au travers des cailloux, 83. Réglemens sur les eaux employées dans les papeteries, 439, art. III et suivans du réglement.

Eau qui s'emploie dans le papier; sa qualité, 77; sa distribution, 70; sa pureté, 106; sa chaleur dans la cuve, 241. Celle de Hollande est saumâtre, 399.

ÉCAILLES de tortue, employées à écrire, note 5.

ÉCORCE d'arbre, employée à écrire, note 6.

ÉCRASÉ, papier écrasé, 258.

ÉCU, sorte de papier. Voyez le *tarif*.

ÉCROU de la presse (en allemand *schrauben-mutter*), 262.

ÉCUELLE remontadoire, vase dont on se sert pour transporter la pâte d'une pile à l'autre, 115.

EFFILOCHER (en allemand *zerreissen*), c'est la première opération qui se fait dans le moulin, 155.

ÉLÉPHANT, sorte de papier. Voyez le *tarif*.

EMBREUVÉ, terme de charpente qui indique l'action d'une pièce qui en soutient une autre par son entaille, 139.

EMPLEMENT ; c'est l'endroit où l'eau arrive dans un moulin, et où l'on modère son cours par le moyen des pelles, 82.

fait glisser sa forme pour la donner au coucheur, 240, 246.

PLATINE (en allemand *Platte*), pièce de cuivre placée sous les cylindres, sillonnée à vive arête, et sur laquelle se déchire le drapeau, 129.

PLINE, *historia naturalis*, cité note 12.

PLIKKLOI, arbre du royaume de Siam, dont on fait du papier, note 6.

PLONGEUR. Voyez *ouvrier*.

PLUIE, avantages de l'eau de pluie, 77; inconvénient de la pluie, 110.

POALLIER, pièce de métal sur laquelle tourne le pivot d'un moulin à vent, 140.

POIDS des cylindres enarbrés; il va à deux ou trois milliers, 125.

Poids du papier, suivant sa qualité. V. le *tarif*. Il égale presque le poids du chiffon qu'on a employé, 413.

POIGNÉES; c'est une certaine quantité de papier, qui varie suivant la grandeur, et qui prend ce nom dans l'étendoir, 305.

POMPES, leur inconvénient dans les papeteries, 84.

PONTUSEAUX ou pointuseaux (en all. *Nehdrath*), fils de laiton qui traversent la verjure et qui la soutiennent; on en voit l'impression sur une feuille de papier du haut en bas de distance en distance, 212.

PORSE (en all. *Sloss*), porse-laine, porse-blanche, assemblage de plusieurs feuilles de papier lorsqu'on les met en presse, immédiatement au sortir de la cuve, 259.

POT, papier au pot, c'est une sorte de papier qui ne sert que pour les cartes à jouer. Voyez le *tarif*.

POTEAUX corniers, pièces de charpente qui sont la principale partie de la cage d'un moulin.

POULINS, ce sont deux pièces de bois placées à terre entre la presse et la cuve, et sur lesquelles on fait les porses, 259.

POURRISSOIR (en allemand *Faulbütte*) chambre voûtée, où les chiffons ayant été mouillés, subissent la fermentation, 49. Le pourrissage se fait en Allemagne et en Suisse beaucoup plus simplement qu'en France, note 22.

Pourrissoirs en Auvergne, 55. Effets du pourrissage, 60.

POYE (en all. *Stampflock*), pièce de bois, ou espèce de bâton avec lequel on arrête la vis de la presse, quand on veut changer la place du vivier, et reprendre un second tour, 264.

PRESSE, description de la presse des papetiers, 261; son utilité pour la perfection du papier, 123; avantage qu'il y aurait à faire des presses de fer, *ibid*.

Presse à coller, 311.

PRESSETTE, petite presse qui ne sert qu'à exprimer doucement l'eau de la porse-blanche, 273.

PRIX du papier, est de 8 sous 4 deniers la livre, l'un portant l'autre, 404.

PRODUIT d'une papeterie, suivant différens états, 404.

PROMENER, c'est donner à la forme un léger mouvement, pour distribuer uniformément la pâte sur la surface de la forme, 245.

PUISARD, réservoir où l'eau entre au travers de plusieurs lits de gravier, pour y être reprise par les pompes, 85.

Q

QUALITÉ du papier de différens pays. V. *pays*. Qualité des eaux. V. *eaux*.

QUANTITÉ de papier que l'on peut faire par jour, 85; par année, avec une cuve, 404.

QUET, assemblage de 26 feuilles de papier, 259.

QUINTAL, poids de 100 livres.

R

Rai, célèbre auteur d'une histoire générale des plantes, 520.

Raisin, nom d'une sorte de papier qui est fort employée. Voyez le *tarif.*

Ramasser, descendre les feuilles du dessus les cordages de l'étendoir, 285.

Rame, assemblage de 500 feuilles de papier; manière dont on les forme, 372.

Ramette, nom que l'on donne à une porse lorsqu'elle est aux étendoirs, 310.

Rebordé, papier rebordé est celui qui a été étendu trop près d'une autre feuille, et se trouve replié sur lui-même, 258.

Reglemens pour les papeteries de France.

Remontadoire. Voyez *écuelle remontadoire.*

Remonter, c'est transporter les chiffons d'une pile à la suivante avec l'écuelle remontadoire, 113.

Renforcer le bon carton, faire couler un peu plus de matière vers l'angle qui doit souffrir le plus dans l'étendoir, 251.

Reposoir, espèce de réservoir de bois, dans lequel l'eau se purifie et dépose son gravier, 72.

Retiré, papier retiré, c'est celui auquel on a trouvé quelque défaut, 554.

Reveche. Voyez *feutres.*

Reverché; le papier est reverché, lorsque la matière a reflué d'un côté, 253.

Rides, défaut du papier, 269.

Rincer; la cuve et le moulin doivent être rincés souvent, 108.

Rinçoir, petite cuvette dans laquelle on met de l'eau pour rincer le moulin, 108.

Rives, bonne rive, mauvaise rive; ce sont les deux bords de la forme, 221.

Rivière, avantage de l'eau de rivière, 77.

Riz, paille de riz; son usage relativement au papier, 557.

Romaine, sorte de papier. Voyez le *tarif.*

Romains, quel était leur papier, 9.

Rond, les trois ronds ou les trois O, sorte de papier. Voyez le *tarif.*

Ronfler; le cylindre doit ronfler, c'est-à-dire, effleurer sans cesse la platine, 158.

Rossignol, pièce de bois plantée sur la cuve pour appuyer la planchette, 240.

Roue qui fait mouvoir les maillets, 90; à eau faisant le plus d'effet possible avec la moindre quantité d'eau, 187.

Rouen, papier de Rouen, 511.

Royal, sorte de papier. Voyez le *tarif.*

S

Sabre, sorte de papier. Voyez le *tarif.*

Saisies, contraventions, confiscations. Voyez le *réglement.*

Saisons, leur influence sur la qualité du papier et sur sa grandeur, 386.

Salaran (en allem. *Saalgeselle*), saleran, maître de salle; c'est un des ouvriers d'une papeterie, qui colle le papier, veille sur les lisseuses, et a soin du magasin, 305; tâche d'une journée, 314.

Saleranes, ou salaranes, ouvrières qui lissent le papier, 339.

Sanga sanga, plante de l'île de Madagascar, de l'espèce du papyrus d'Egypte, note 11.

Saba (Albert), auteur d'une très-belle collection d'histoire naturelle, 515.

Sécher le papier. V. *étendoir, étuve.*

Sel alkali, pourrait servir à dégraisser les chiffons, note 24.

FIN.

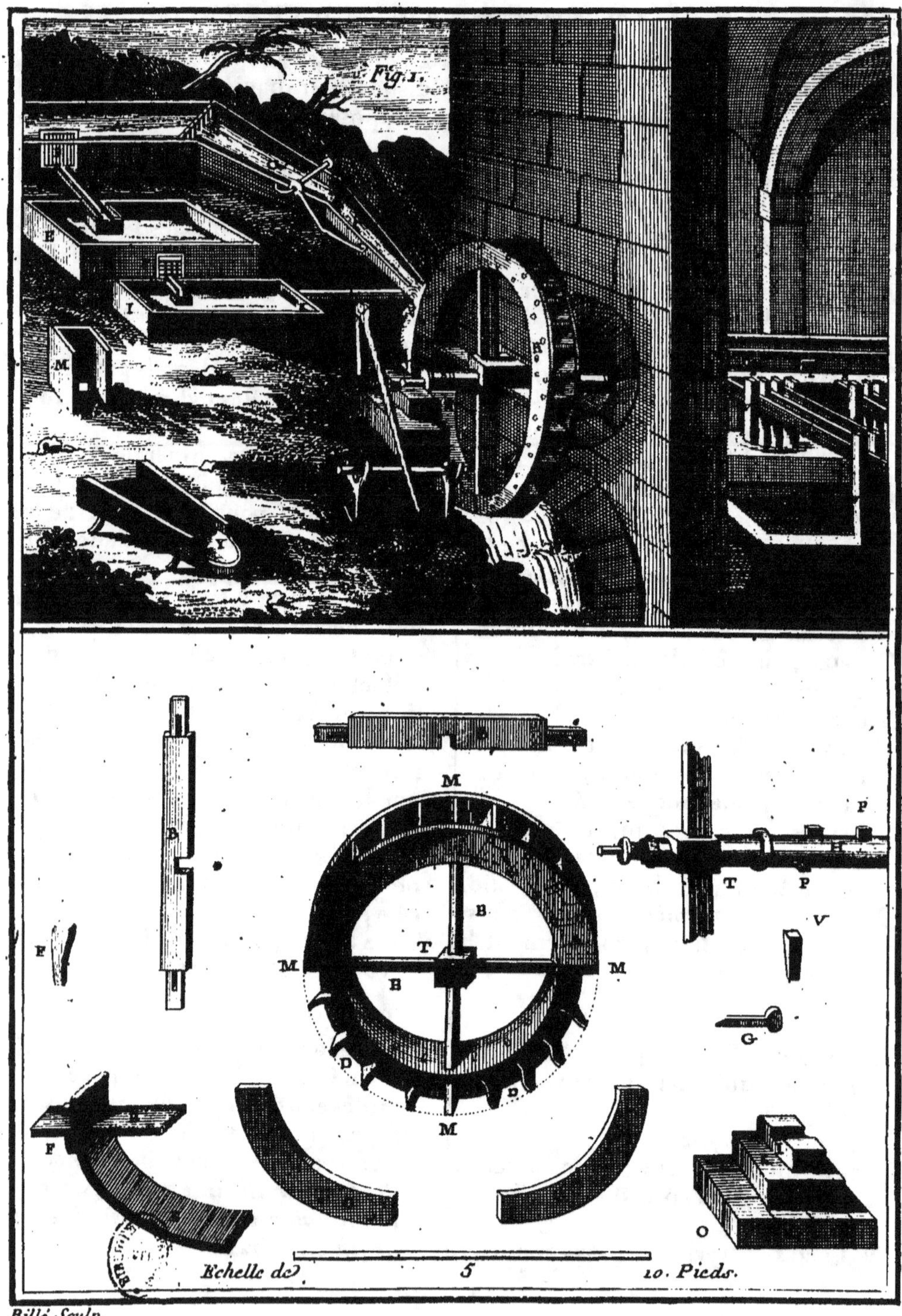
Fig. 1.
E
I
M
R
Y
M
B
T
M
B
M
D
D
M
P
T
P
V
G
F
F
O
Echelle de 5 10. Pieds.
Billé Sculp.

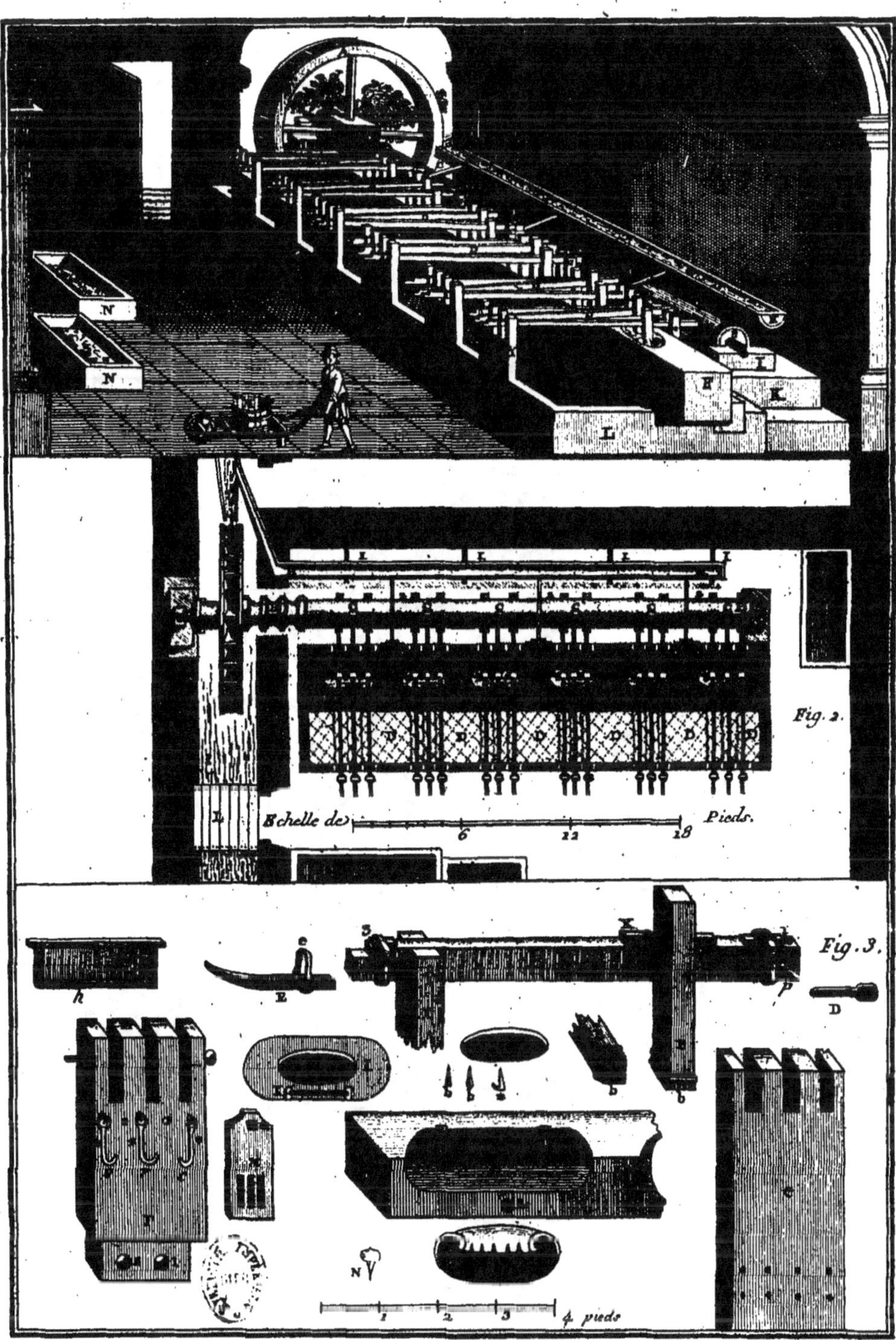

Billé sculp

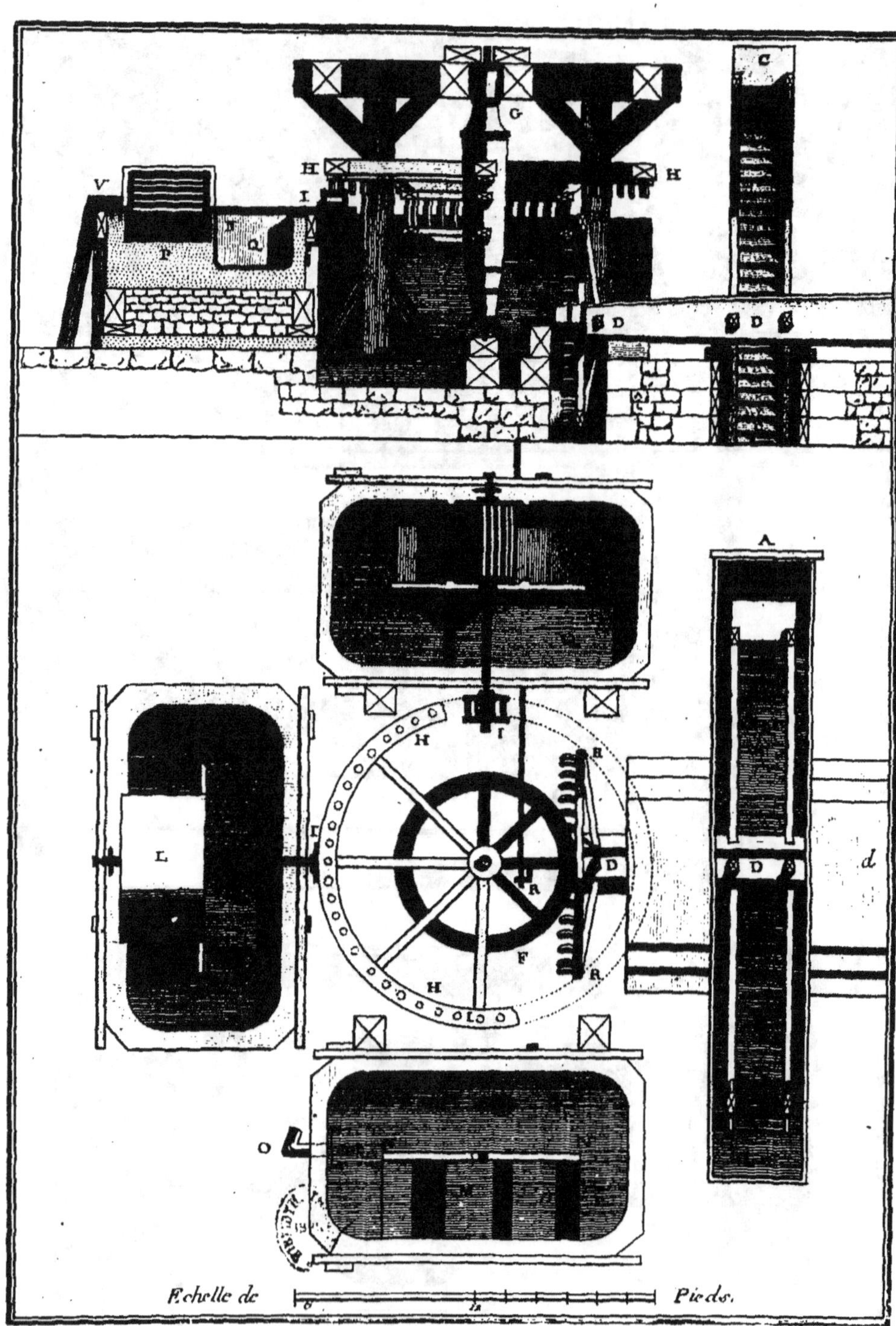

Billé Sculp.

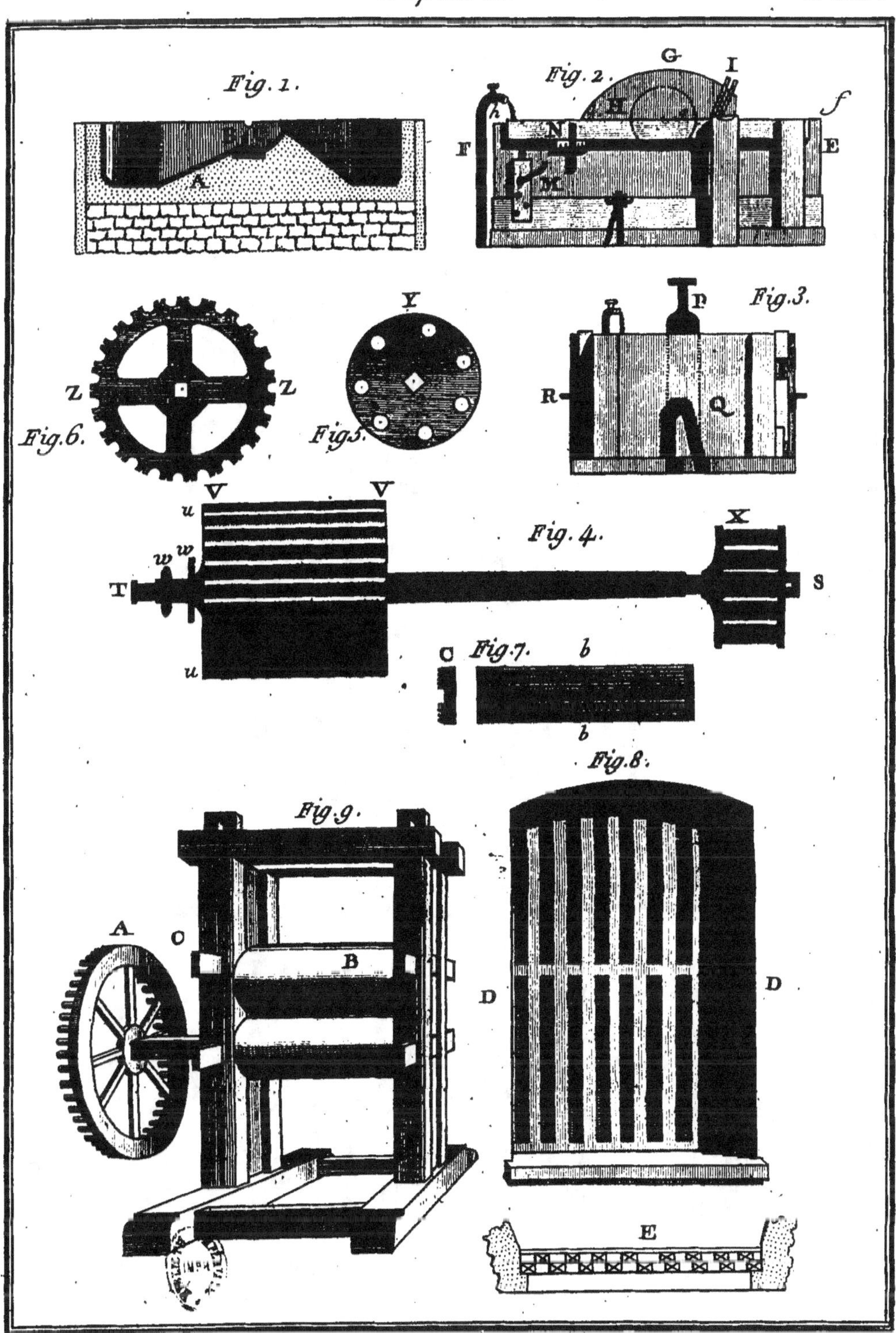
Fig. 1.
Fig. 2.
G
I
f
h
N
H
F
E
M
Fig. 3.
p
Y
R
Q
Z
Z
Fig. 6.
Fig. 5.
V
V
X
u
w w
Fig. 4.
T
S
u
a
Fig. 7.
b
b
Fig. 8.
Fig. 9.
A
O
B
D
D
E

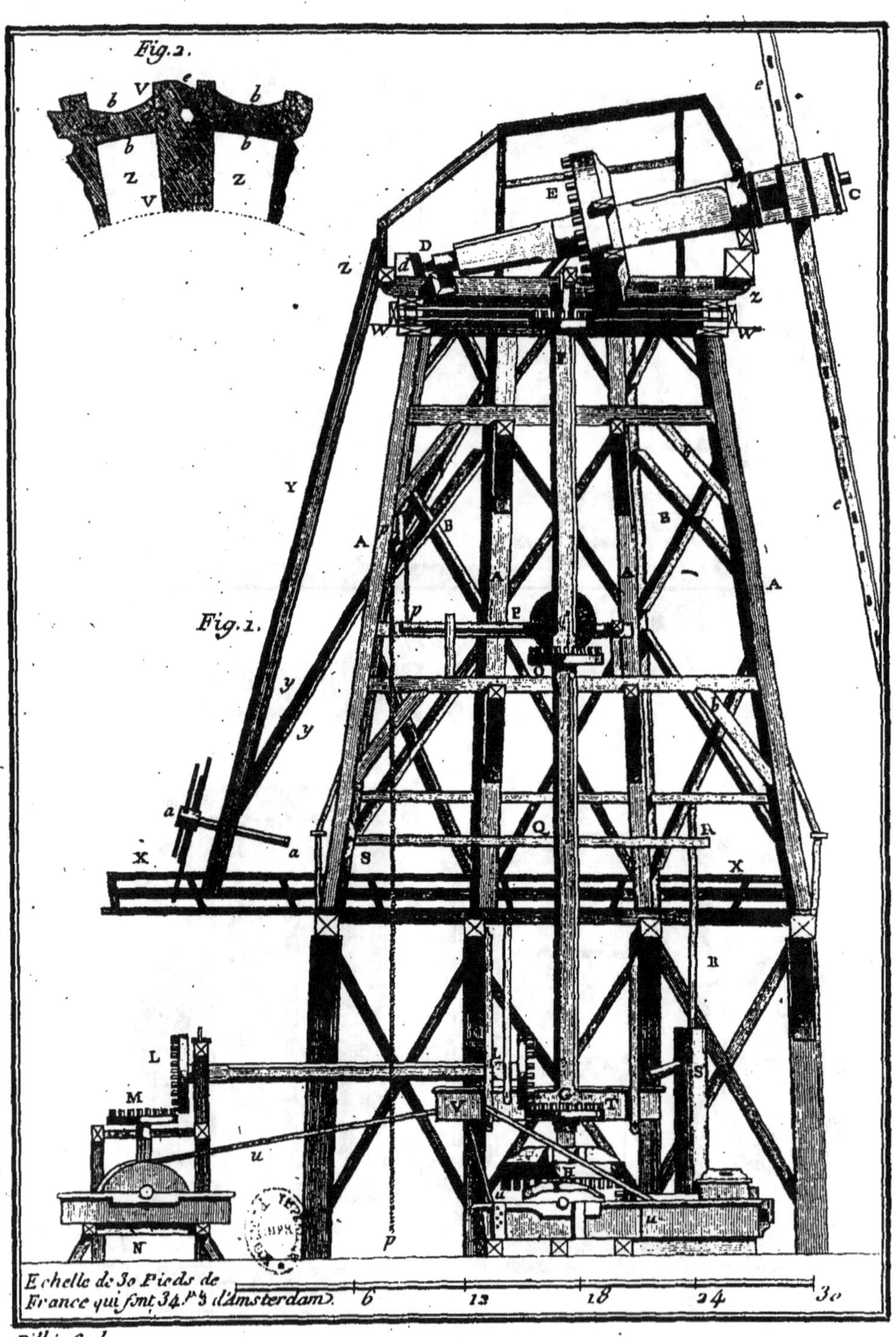
Fig. 2.
Fig. 1.
Echelle de 30 Pieds de
France qui font 34 P.⁵ ½ d'Amsterdam.
6   12   18   24   30
Billé Sculp.

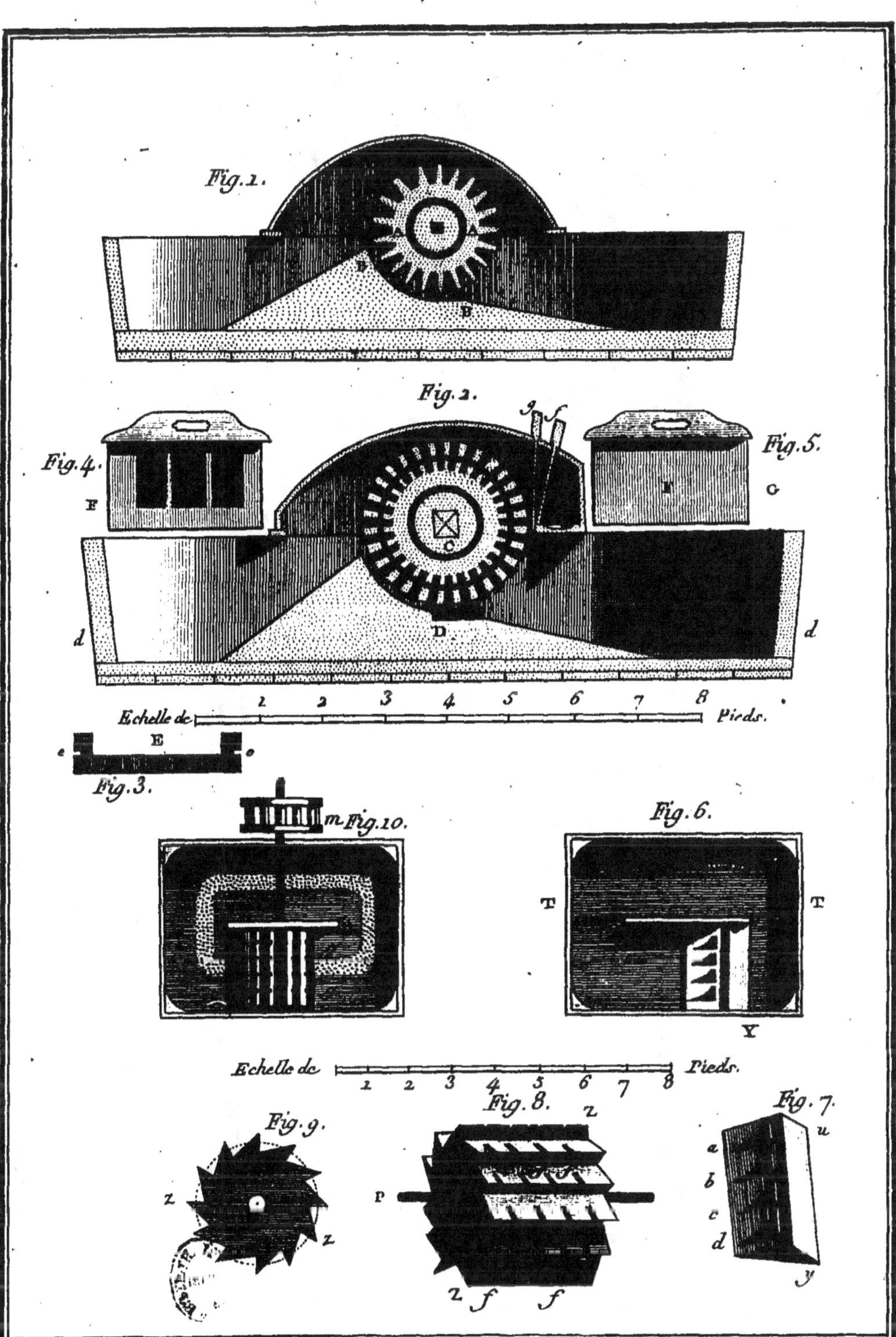
Fig. 1.
Fig. 2.
Fig. 4.
Fig. 5.
Fig. 3.
F
G
d
d
D
E
e
o
Echelle de   1   2   3   4   5   6   7   8   Pieds.
m Fig. 10.
Fig. 6.
T
T
Y
Echelle de   1   2   3   4   5   6   7   8   Pieds.
Fig. 9.
Fig. 8.
Fig. 7.
z
z
p
z
f
f
z
u
a
b
c
d
y

Fig. 2.
H
Fig. 4.
G
I
G
G
G
G
G
G
Fig. 5.
P
P
L
L
F
F
F
E
E
E
P
P
Fig. 3.
I
I
Fig. 1.
K
K
Q
H
Fig. 6.
Echelle de
22 pouces

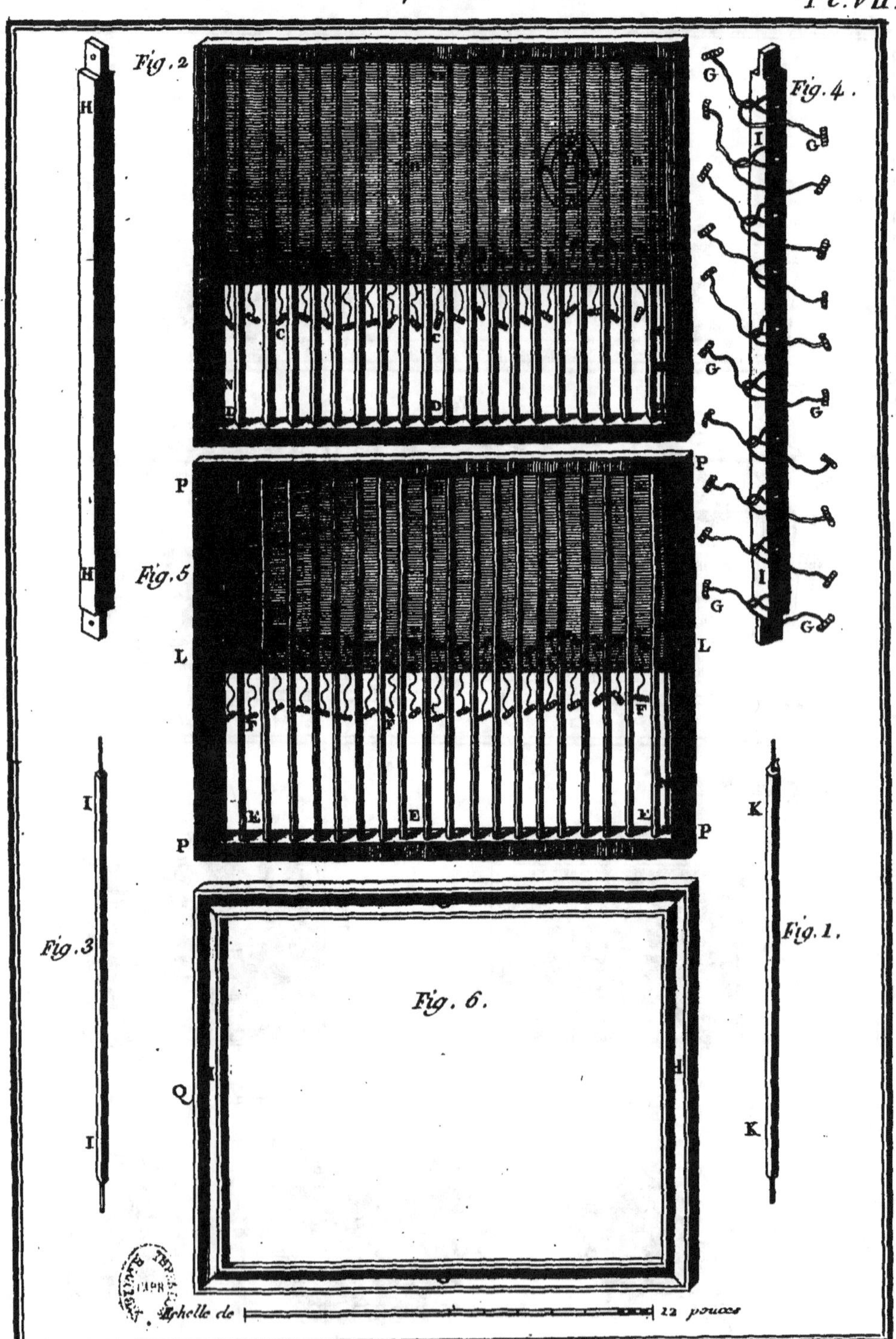

Bille Sculp.

Fig. 3.
c
Fig. 2.
Billé sculp.

Fig. 2.
Bille. Sculp.